Hannelie Schmitt · Gerhard Zerle

Der Leonberger

Herausgegeben unter dem Patronat
des Verbandes für das Deutsche
Hundewesen e.V., 4600 Dortmund

Hannelie Schmitt · Gerhard Zerle

Der Leonberger

Praktische Ratschläge für Haltung, Pflege und Erziehung

2., überarbeitete Auflage
Mit 45 Abbildungen, davon 7 farbig

Verlag Paul Parey · Hamburg und Berlin

Die Kapitel „Ernährung“ und „Gesundheit“ wurden von Dr. med. vet. Peter Brehm verfaßt.

Weitere Bände in der Reihe „Dein Hund“

Der Afghane • Airedaleterrier • Der Basset • Der Beagle • Bearded Collie • Berner Sennenhunde • Bernhardiner • Der Bobtail • Bouvier des Flandres • Der Boxer • Der Bullterrier • Der Cairn Terrier • Der Chihuahua • Der Chow-Chow • Collie und Sheltie • Der Dackel • Der Dalmatiner • Der Dobermann • Die Dogge • Der Foxterrier • Golden und Labrador Retriever • Greyhound • Große Münsterländer • Der Hovawart • Der Kromfohrländer • Mischlingshunde • Der Mops • Neufundländer • Der Pekingese • Pinscher und Schnauzer • Der Pudel • Der Riesenschnauzer • Der Rottweiler • Der Deutsche Schäferhund • Schlittenhunde • Setter und Pointer • Der Spaniel • Der Spitz • Terrier • Ungarische Hirtenhunde • West Highland White Terrier • Der Yorkshire Terrier • Dein Hund auf Ausstellungen • Dein Hund im Recht

CIP-Kurztitelaufnahme der Deutschen Bibliothek

Schmitt, Hannelie :
Der Leonberger : praktische Ratschläge für Haltung, Pflege und Erziehung / Hannelie Schmitt ; Gerhard Zerle. [Die Kap. „Ernährung“ und „Gesundheit“ wurden von Peter Brehm verf.]. – 2., überarb. Aufl., 6.–9. Tsd. – Hamburg ; Berlin : Parey, 1990
(Dein Hund)
ISBN 3-490-39012-1
NE: Zerle, Gerhard:

1.–5. Tausend 1982
6.–9. Tausend 1990

Anschriften: Spitalerstraße 12, D-2000 Hamburg 1; Lindenstraße 44–47, D-1000 Berlin 61
Umschlaggestaltung: Evelyn Fischer, Hamburg
Satz: Boyens & Co., 2240 Heide/Holst.
Druck: Druck- + Verlagshaus Wienand, Köln
Printed in Germany
ISBN 3-490-39012-1

Vorwort

Der Mensch hat sich in seiner langen Geschichte den Hund zum treuen Gefährten erwählt. Keiner anderen Kreatur war es vergönnt, diesen ersten Platz an der Seite des Menschen einzunehmen. Kein anderes Wesen hat sich dem Menschen auch nur in vergleichbarer Anhänglichkeit genähert. Der Hund ist zum Inbegriff der Treue geworden.

Kein Wunder also, daß der Mensch sehr bald anfing, ihn planvoll, entsprechend der an ihn gestellten Anforderungen, zu züchten. Das Ergebnis dieser Züchtung – edle Rassehunde – kann sich sehen lassen. Zur Freude aller Freunde des Leonberger Rassehundes wird die Literatur über ihn um ein weiteres aufschlußreiches Buch bereichert. Ich begrüße es sehr, daß Freunde, Züchter und Ausbilder des Leonbergers für Sie, liebe Leser, dieses Buch geschrieben haben. Dank eigener langjähriger Erfahrung ist es den Autoren gelungen, ihr Wissen auch um die praktischen Möglichkeiten des Züchters, Ausbilders und Liebhabers des Leonberger Hundes auf leicht verständliche Art einfach und klar darzustellen. Auf überspannte und kaum realisierbare Forderungen an Haltung und Aufzucht der Hunde wurde verzichtet.

Wie ein roter Faden geht durch alle Kapitel dieses Buches die Liebe zum Leonberger, die Achtung vor dem Leben und die große Verantwortung, die der Züchter dem Tier gegenüber auf sich nimmt.

Mit erfreulicher Genugtuung erkennen wir aus dem Inhalt und dem Bildmaterial aber auch, wie sich der ständige Fortschritt in der Leonberger-Zucht und in der Beliebtheit dieses Hundes in diesem Buch widerspiegelt.

Als Vorsitzender des Deutschen Clubs für Leonberger Hunde e. V., Sitz Leonberg, hoffe ich deshalb, daß das Buch aufmerksame Leser findet, um zum rechten Verständnis für unseren besten Freund – den Leonberger – beizutragen.

Robert Beutelspacher

Einleitung

Dieses Buch soll zunächst allen, die sich für die Leonberger Rasse interessieren und nähere Informationen wünschen, die Entscheidung erleichtern helfen. Beide Autoren berichten über langjährige Erfahrungen mit ihren eigenen Hunden und vielen anderen, die sie kennenlernen und beobachten konnten.

Allen, die durch Ermutigung, Ratschläge und Überlassung von Bildmaterial zum Entstehen des Buches beigetragen haben, sei herzlich Dank gesagt; ganz besonders aber dem Ausbildungswart unserer Landesgruppe, Peter Dany, der aus seiner reichen Erfahrung im Hundesport mit anderen Rassen und Leonbergern das Kapitel „Ausbildung" bearbeitete. Leser, die selbst einen Leonberger Hund besitzen, werden eigene Erkenntnisse bestätigt finden, vielleicht auch noch Neues und Nützliches erfahren, möglicherweise selbst auch anderes erlebt haben – schließlich sind Hunde individuell so verschieden wie Menschen, und jeder Leonberger ist eine eigene „Persönlichkeit".

Wir hoffen und wünschen, daß unsere Arbeit dazu beitragen möge, diesen schönen und liebenswerten Hunden neue Freunde zu gewinnen.

Köln/Hamm, im Herbst 1989

Hannelie Schmitt
Gerhard Zerle

Inhalt

Ursprung und Entwicklung der Rasse

Die Stadt Leonberg liegt in der Nähe von Stuttgart. Hier lebte von 1808 bis 1889 Heinrich Essig, der als Stadtrat hohes Ansehen genoß. Auf seinem Hof wurden Federvieh aller Art, andere Tiere und Hunde verschiedener Rassen gehalten und gezüchtet. Er verkaufte im Jahr zwischen zwei- und dreihundert Hunde, so daß er nach heutigen Maßstäben durchaus als Hundehändler im landläufigen Sinne anzusehen wäre. Dies darf uns aber nicht hindern, sein züchterisches Werk voller Achtung zu würdigen.

Wie man annimmt, hatte er sich das hohe Ziel gesetzt, einen Hund zu züchten, der in seinem Erscheinungsbild einem Löwen, dem Wappentier Leonbergs, nahekam. Als Ausgangstiere dienten hierzu eine von ihm als Besonderheit geschätzte schwarzweiße Neufundländerhündin – heute als „Landseer" bekannt – und ein großer, langhaariger St.-Bernhards-Rüde aus dem Klosterhospiz Großer St. Bernhard, zu dem Essig guten Kontakt pflegte. Aus dieser Paarung fielen schwarzweiß gefleckte Jungtiere, die etwa Bernhardiner-Größe erreichten. Da das Wesen der Tiere die gewünschte Eignung als Wach- und Hofhunde aufwies, wurden sie über vier Generationen weitergezüchtet. Um den erreichten Stand zu sichern, tauschte Essig einen zweiten Bernhardi-

Heinrich Essig mit einigen seiner Hunde

nerrüden aus dem Kloster St. Bernhard gegen zwei seiner Kreuzungsprodukte. Später erklärte ihm der Abt des Klosters, daß diese beiden Jungtiere mehr als die Bernhardiner zu leisten vermochten.

Essig bevorzugte bei seiner Neuzüchtung viel Weiß. Um diese Farbe zu halten, kreuzte er einen Pyrenäen-Berghund ein, den er verfügbar hatte. Diese ziemlich großen Hunde existieren in verschiedenen Farbschlägen, jedoch vorwiegend mit langem, weißem Haar.

Der erste, wirklich „Leonberger" genannte Hund wurde 1846 geboren und machte seine Heimatstadt somit zur ältesten, urkundlich belegten Hundezuchtstätte Deutschlands. Es war gelungen, in dieser neuen Rasse die hervorragenden Eigenschaften des Bernhardiners, des Neufundländers und des Pyrenäenhundes zu vereinigen. Dies erklärt, warum der Leonberger nun einen Siegeszug sondergleichen antrat.

Auf einer Ausstellung anläßlich des Oktoberfestes in München wurden Hunde aus der Essigschen Zucht gezeigt, über die ein Pressebericht sagt: „Der schönste dieser Hunde war gelblichbraun mit schwarzen Schattierungen, etwa wie ein Löwe und auch löwenartig in seinem prachtvollen Wuchs."

Im Jahre 1870 schreibt eine österreichische Zeitung über den ersten der sieben neuen Hunde der Kaiserin Elisabeth:

„Ihre Majestät, die Kaiserin, ist seit ihrer Rückkehr aus Rom im Besitz eines prachtvollen Leonberger Hundes. In ganz Österreich dürfte kein zweites Exemplar dieser Rasse zu finden sein. Das Tier, welches ein blendend-silberweißes Haar hat, während die Gehänge braun sind, ist höher und stärker als der Neufundländer. Der neue Hund macht täglich die Fahrten in den Prater mit seiner Herrin mit. Der neueste Lieblingshund soll 1400 Silbergulden gekostet haben."

1873 wurden 374 Hunde exportiert; der Preis lag bei etwa 1000 Gulden. Kaiser Napoleon III. in Frankreich, der Prince of Wales in England, König Umberto in Italien und der italienische Nationalheld Garibaldi waren stolz auf ihre Leonberger. Aber auch in Deutschland fand die neue Rasse berühmte Liebhaber, zum Beispiel Großherzog Friedrich von Baden, Richard Wagner und Bismarck. Der Dichter Ferdinand Freiligrath besuchte 1869 sogar den Hundepark zu Leonberg. In jüngster Vergangenheit besaßen, um nur wenige Beispiele zu nennen, die Familie des Komponisten Carl Orff und der Sänger Adamo Leonberger Hunde, der Sänger Ivan Rebroff hat sie sogar jahrelang gezüchtet.

Die überragende Bedeutung Essigs für den Erfolg der Leonberger-Zucht wurde später erst deutlich, als es nach seinem Tode 1889 damit

Alte Darstellung des Leonbergers (etwa 1900)

schnell bergab ging. Der Verlust an Ansehen dieser Rasse ist besonders aus dem Buch von Strebel (1905) „Die deutschen Hunde und ihre Abstammung mit Hinzuziehung und Besprechung sämtlicher Hunderassen" erkennbar. Er schreibt: „. . . so kam die Zeit, wo man gegen die Leonberger Zucht zu Felde zog als eine unangenehme Begleiterscheinung der Bernhardiner-Zucht. Man brachte es fertig, sie in Acht und Bann zu tun: Was man nicht definieren kann, das sieht man gut als Leonberger an."

Dennoch taten sich überall Freunde des Leonbergers zusammen, um das Fortbestehen dieser wunderbaren Rasse zu sichern. So entstanden im Jahre 1895 der „Internationale Club für Leonberger Hunde", Sitz Stuttgart; 1901 der „Nationale Leonberger Club", Sitz Apolda in Thüringen, und 1908 der „Leonberger Club", Sitz Heidelberg.

Die beiden Weltkriege mit den darauffolgenden Notzeiten brachten schwere Rückschläge. Doch fanden sich sowohl in den zwanziger Jahren wie auch nach 1945 einige Idealisten, die die Reste der Rasse sammelten und versuchten, eine neue Zuchtbasis aufzubauen. Am 10. Juni 1948 wurde der „Deutsche Club für Leonberger Hunde e.V.",

Leonberger-Züchter in Zagreb (Jugoslawien) 1935

Sitz Leonberg, gegründet, der heute noch die Interessen der Leonberger Rasse und ihrer Freunde vertritt, das Zuchtbuch führt und Mitglied im Verband für das Deutsche Hundewesen (VDH) und der Fédération Cynologique Internationale (FCI) ist.

Seit vielen Jahren gibt es auch wieder Clubs in Holland, Dänemark, Frankreich, Italien, Österreich, der Schweiz und der DDR. Auf Initiative des derzeitigen 1. Vorsitzenden des deutschen Clubs, Robert Beutelspacher, gründeten alle diese Clubs – mit Ausnahme der DDR – am 27. September 1975 im Rathaus der Stadt Leonberg die „Internationale Union für Leonberger Hunde e.V.".

Inzwischen gibt es in Europa wieder einige tausend Leonberger Hunde, allein in Deutschland wurden in den letzten Jahren im Schnitt etwa 400 Welpen jährlich aufgezogen. Dennoch ist der Leonberger eine seltene Rasse geblieben, und es kann sogar vorkommen, daß man in der Stadt Leonberg verschiedentlich nach der Rasse seiner Hunde gefragt wird, obwohl der jeweilige Oberbürgermeister von jeher Schirmherr der Zucht ist.

Der Leonberger heute

Wie soll er aussehen? Um die Einheitlichkeit der einzelnen Rassen auch international zu sichern, hat die FCI (Fédération Cynologique Internationale) beschlossen, daß der Club des Ursprungslandes für den Standard der Rasse verantwortlich zeichnet. Schon 1955 erschien unter der FCI-Nr. 145 der erste vom Deutschen Club für Leonberger Hunde als rassemaßgeblichem Verein festgelegte Standard. Er war eine Weiterentwicklung der Standards von 1895, 1922 und 1938. Auch der heute gültige Standard ist letztlich nur eine Fortschreibung.

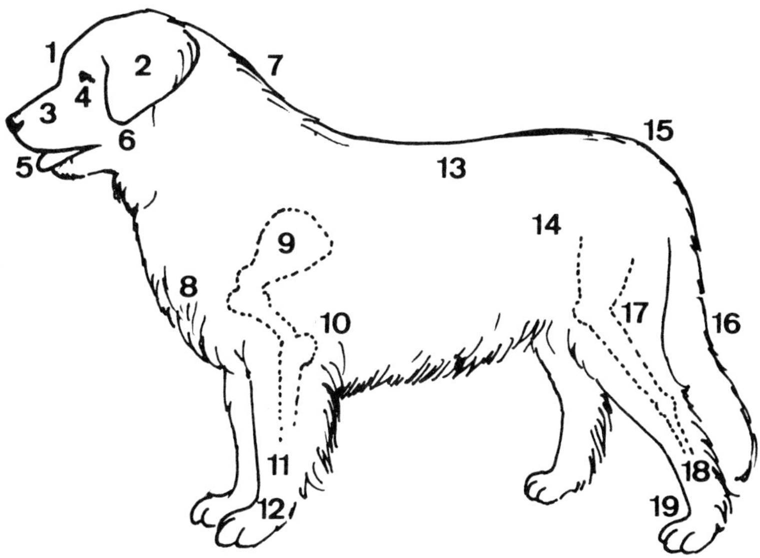

Bezeichnung der wichtigsten Körperteile

1 Stirn und Oberkopf
2 Ohren
3 Nasenpartie
4 Auge
5 Lefzen und Schnauze
6 Backen
7 Halslinie/Widerrist
8 Brust, Vorbrust, aufgerippt
9 Winkelung, Oberarm/Schulterblatt
10 Winkelung, Oberarm/Unterarm
11 Stellung der Vorderläufe
12 Pfoten und Fußgelenke
13 Rückenlinie
14 Nierenpartie
15 Rutenansatz und Kruppe
16 Rutenhaltung
17 Oberarmwinkelung Hinterläufe
18 Sprunggelenk
19 Hinterpfoten und Fußgelenk

Erscheinung und Standard

Allgemeine Erscheinung. Der Leonberger ist ein großer, kräftiger, muskulös gebauter, eleganter Hund von proportionierter Form und selbstbewußter Ruhe bei lebhaftem Temperament.

Farbe. Löwenfarbig, goldgelb bis rotbraun mit schwarzer (dunkler) Maske. Dunkle bis schwarze Haarspitzen sind zulässig, ebenso kommen sandfarbene Hunde mit dunklen Haarspitzen vor. Das Fehlen der schwarzen Maske ist gestattet, aber nicht erwünscht. Ein kleiner weißer Bruststern kann toleriert werden, ebenso noch etwas helles bis weißes Haar an den Zehenspitzen. Die Farbe der Rute ist gleich der Grundfarbe des Hundes. Schwach dachsfarbene Ruten sind gestattet. Die Halskrause an der Kehle, Befederung der Vorderläufe, die Hosen an den Hinterläufen sowie die Unterseite der Rute können etwas aufgehellt sein, sollen aber die Harmonie zur Gesamtfarbe nicht stören.

Kopf und Backen. Der Oberkopf ist mäßig gewölbt, lange nicht so hoch und breit wie beim St.-Bernhards-Hund. Backen nicht kräftig entwickelt, so daß der Hinterkopf nicht wesentlich breiter aussieht als der Kopf bei den Augen ist; er soll im ganzen mehr seitlich zusammengedrückt, also tiefer als breit erscheinen. Stirnabsatz mäßig. Nasenrücken gleichmäßig breit, nie durchbrochen, eher leicht ausgebogen (Ramsnase). Der Nasenschwamm ist tiefschwarz und darf niemals braun sein. Letzteres schließt von der Zucht aus. Dasselbe gilt für die Lefzen, die auch schwarz pigmentiert sein müssen, jede andere Farbe disqualifiziert. Kopf- und Gesichtshaut anliegend, keine Stirnfalten. Der kräftige Hals zeigt viel Adel, der Kopf wird stolz erhoben getragen. Kehlhaut und Wamme sind fehlerhaft.

Ohren. Hoch angesetzt, schlicht am Kopf anliegend, mittelgroß, abgerundet, fallend.

Fang. Mäßig tief, ziemlich gleichmäßig, nie spitz verlaufend. Lefzen glatt anliegend, nicht herabhängend, so daß es nicht zu Speichelausfluß kommt. Offene Maulwinkel unerwünscht. Gebiß sehr stark, es soll ein gut schließendes, vollständiges Scherengebiß sein.

Augen. Die Augen sollen hellbraun bis dunkelbraun sein, mittelgroß, mit klugem, gutmütigem Ausdruck. Die Augenlider schließen gut ab, keine Bindehaut zeigend. Die Bindehaut im Augapfel ist weiß, Raubvogelaugen, zu kleine (Bullterrier) oder zu volle Augen (Bulldogge) sind unerwünscht und setzen zurück.

 Schulterhöhe. Rüden sollen mindestens 72 cm und höchstens 80 cm,

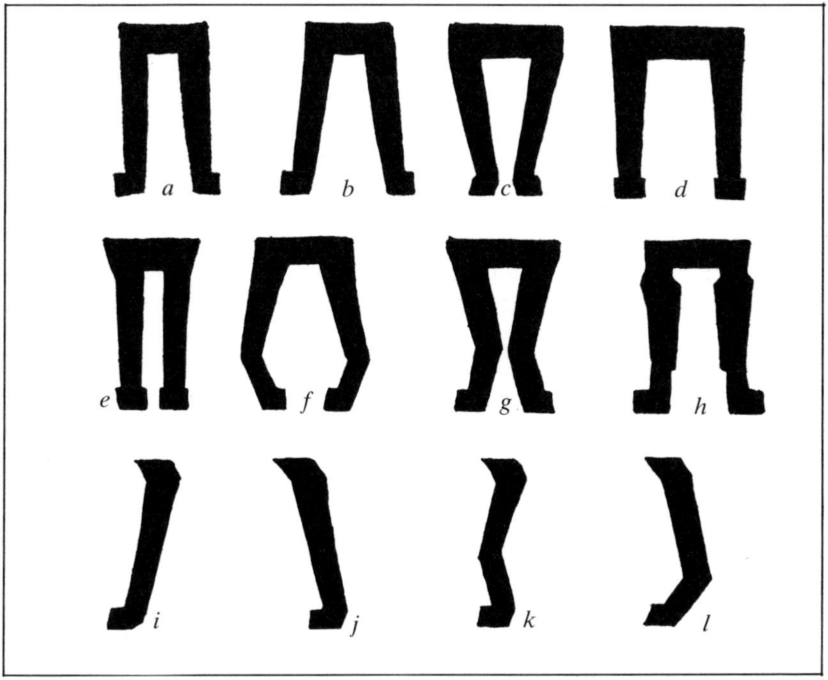

Stellung der Vordergliedmaßen. a Normalstellung, b breite Stellung am Boden, c schmale Stellung am Boden, d breite Stellung, e schmale Stellung, f O-beinige Stellung, g X-beinige Stellung, h französische Stellung, i nach vorne gerichtete Beinstellung, j nach hinten gerichtete Beinstellung, k nach vorne geknickte Beinstellung, l nach hinten geknickte Beinstellung

Hündinnen mindestens 65 cm, höchstens 75 cm hoch sein. Erwünschtes Mittelmaß bei Rüden 76 cm, bei Hündinnen 70 cm.

Läufe. Nicht hochbeinig, muskulös, kräftige Knochen, Fußsohlen immer schwarz, braun disqualifiziert.

Vorderläufe. Gerade, normal gestellt, gut befedert. Pfoten gut geschlossen, ziemlich gerundet, Hasenpfoten verwerflich. Die Zehen sind meist durch Schwimmhäute verbunden (der Leonberger liebt in der Regel das Wasser und ist ein guter Schwimmer). Ellbogen gut anliegend, etwas über den unteren Rand des Brustkorbes hinaufreichend, Schulter schräg gestellt. Die Fußballen sind stets schwarz.

Hinterhand. Kräftig bemuskelte Schenkel (Keulen), gut ausgeprägtes Kniegelenk. Letzteres eher etwas mehr gewinkelt als zu steil.

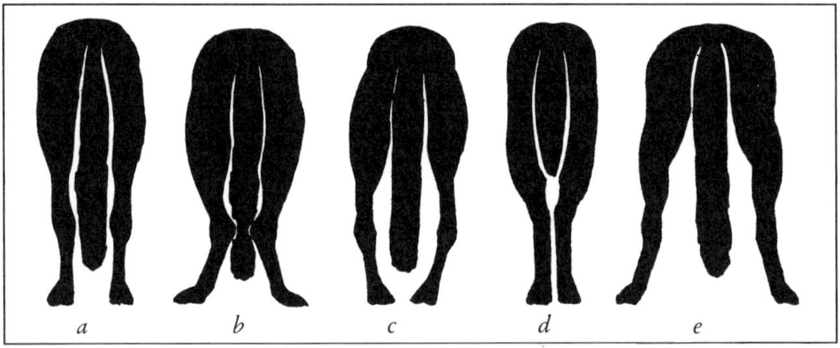

Stellung der Hintergliedmaßen (nach Kubinszky-Széll). a Normalstellung, b kuhhessige Stellung, c faßbeinige Stellung, d schmale Stellung am Boden, e breite Stellung am Boden

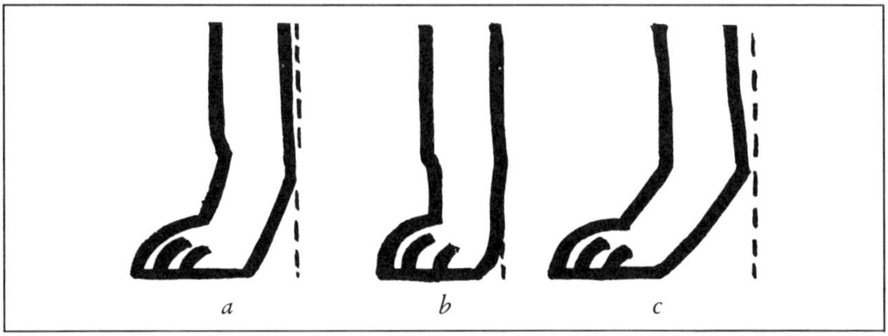

Stellung des Vordermittelfußes (nach Hanek). a Normalstellung, b steile Stellung, c weiche Stellung

O- oder X-beinige Stellung ist ein schwerer Fehler. Afterklauen müssen in frühester Jugend (bis 14 Tage alt) schmerzlos entfernt werden. Die Fußballen sind stets schwarz.

Rumpf. Etwas länger als die Widerristhöhe. Nierenpartie kräftig. Brustkorb tief und nicht zu tonnenförmig. Strammer Rücken erforderlich.

Rute. Sehr reich behaart (Besenrute), stets halb gesenkt getragen, nie zu hoch oder gar auf dem Rücken gerollt.

Behaarung. Mittelweich bis derb, reichlich lang, anliegend, nie gescheitelt und überall trotz guter Unterwolle noch die Formen des Körpers erkennen lassend. Stets schlicht, gewellt ist noch gestattet, gelockt oder gerollt dagegen verwerflich. An Hals und Brust hat der Leonberger eine hübsche Mähne.

Die hauptsächlichsten Rassefehler. Fehler, die in der Bewertung zurücksetzen beziehungsweise von der Zucht ausschließen. Darunter fallen beispielsweise:

1 helle Augen, Raubvogelaugen,
2 viel Weiß im Fell (großer Brustfleck, weiße Zehen),
3 ausgeprägtes Rollhaar,
4 starke Ringelrute oder Hakenrute,
5 besondere Scheuheit und Bissigkeit,
6 stark unkorrekte Beinstellung,
7 Rüden ohne zwei sichtbare Hoden,
8 fehlerhaftes Gebiß; dazu gehören Vorbiß, Rückbiß (s. Abb. S. 18) und sonstige anomale Gebißformen,
9 braune Nasenschwämme,
10 braune Fußballen,
11 braune Lefzen.

Die Züchter des Leonbergers sind verpflichtet, in ihrer züchterischen Tätigkeit diesen Standard einzuhalten. Nur bei Einhaltung des Standards und der Zuchtbestimmungen ist es möglich, den derzeitigen Stand der Rasse zu erhalten und weiter zu fördern.

Das Gebiß. Genau wie der Mensch bekommt der Hund zweimal im Leben Zähne, das Milchgebiß und das bleibende Gebiß. Der Welpe kommt zahnlos zur Welt. Etwa in der vierten Woche wachsen die Schneidezähne, in der fünften bis achten Woche die Backenzähne. Das Milchgebiß besteht aus 28 Zähnen. Ab dem vierten Monat beginnt der Zahnwechsel und ist etwa bis zum achten Monat abgeschlossen. Der Zahnwechsel muß beobachtet werden. Es kann vorkommen, daß ein Milchzahn nicht ausfallen will, der Nachfolger aber nach oben drängt. Dadurch können Mißbildungen bei der Zahnstellung entstehen.

Das fertige Gebiß weist 42 Zähne auf. Die einfache Formel (im Profil gesehen) lautet:

	Schneidezähne (Incisivi)	Fangzähne (Canini)	vordere Backenzähne (Prämolaren)	hintere Backenzähne (Molaren)
oben	3	1	4	2
unten	3	1	4	3

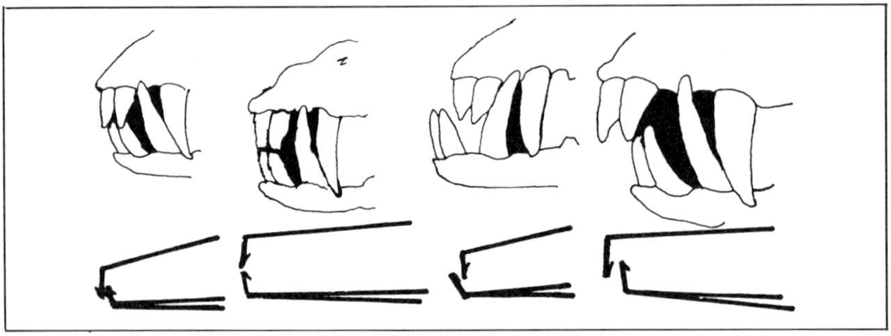

Verschiedenartige Gebißstellungen: 1 Scherengebiß, 2 Zangengebiß, 3 Vorbiß, 4 Rückbiß

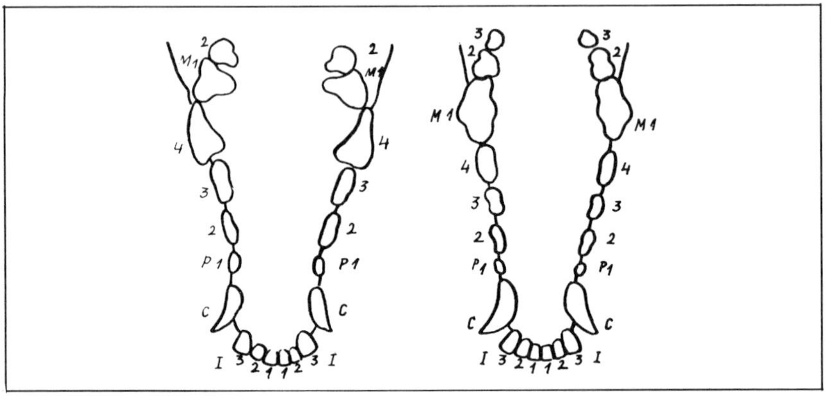

Zähne des Ober- und Unterkiefers

Wesen und Eigenschaften

Ein Hund, der seinem Besitzer wirklich Freude bereiten soll, muß unbedingt ein gutes Wesen besitzen. Der Begriff des „Wesens" ist in der Kynologie durchaus umstritten und nicht eindeutig festgelegt. Sofern wir beim Hund von Charakter sprechen wollen, können wir sagen, daß das Wesen die Summe aller Charaktereigenschaften ist.

Um das Wesen des Leonbergers richtig begreifen zu können, muß man sich vor Augen halten, daß diese Rasse seit vielen Jahrzehnten auf Familienfreundlichkeit gezüchtet wurde. Der Leonberger hängt mit „Leib und Seele" an seiner Familie. Besonders zeichnet er sich durch sehr große Kinderliebe aus und entwickelt dabei bemerkenswerte

Geduld für das Unverständnis von Kleinkindern. Wir haben 130 Pfund schwere Leonberger gesehen, die von einjährigen Kindern schon recht grob behandelt wurden. Doch selbst Versuche, ihnen mit einem Stift in der Nase zu bohren oder die Zunge lang aus dem Fang zu ziehen, wurden höchstens mit einem Winseln, aber keiner Drohung beantwortet. Aber auch den Spieltrieb von Kleinkindern sollte man auf jeden Fall immer unter Kontrolle halten! Wurde es dem Hund zuviel, stand er schließlich auf und legte sich außer Reichweite der Quälgeister wieder hin.

Neuer Familienzuwachs wurde berochen, abgeschnüffelt und damit akzeptiert. Wir hatten immer mehrere Hunde zu Hause, und die Kinder der gesamten Nachbarschaft wurden von der Meute begeistert begrüßt.

Zeitweise tobten ein Dutzend Kinder mit ihnen im Hof herum, und nicht einmal hat einer der Hunde versucht, ein Kind anzuknurren oder gar zu beißen.

Erwachsenen gegenüber nimmt der Leonberger eine differenziertere Haltung ein. Bis zum Alter von etwa ein bis eineinhalb Jahren begrüßt er jeden Fremden voller Freude, stürmt auf ihn zu und bedrängt ihn, weil er gestreichelt werden will. Später beginnt er im Normalfall zu unterscheiden, ob ihm jemand sympathisch ist oder nicht. Im letzteren Fall zeigt er deutlich sein Desinteresse, meistens, indem er sich umdreht und weggeht.

Herausragendes Merkmal seines Wesens ist wohl seine souveräne Ruhe. Dies zeigt sich am eindrucksvollsten bei Hundeausstellungen oder ähnlichen Gelegenheiten, wo viele Hunde zusammen sind. Während es rundherum ohrenbetäubend kläfft, jault und bellt, wird man aus den Boxen oder am Vorführring der Leonberger fast nichts hören. Hin und wieder blafft mal einer seinen Nachbarn kurz an, wenn der ihm zu nahe auf den Pelz gerückt ist. Aber die überwiegende Mehrzahl nimmt Aufregung, Trubel und Lärm um sie herum völlig gelassen hin.

Bei ihrer imponierenden Größe und Kraft haben sie es nicht nötig, hysterisch zu bellen und ständig zu drohen. Muß der Leonberger das Haus bewachen, schlägt er kurz an, um zu zeigen, daß er da ist, und wartet ab.

Es kommt allerdings auch vor, daß ein Leonberger überhaupt nicht „meldet", und mancher, der einen „richtigen Wachhund" haben wollte, mag dies als Mangel empfinden. Man kann es aber auch anders sehen. Denn in dichtbebauten Wohngebieten kann ein Hund mit solch kräftiger Stimme, der jedesmal bellt, wenn jemand am Zaun vorübergeht oder an die Tür kommt, auch unliebsam auffallen. Dennoch sollte kein Fremder es riskieren, allein und unaufgefordert ein Grundstück oder Haus zu betreten, das ein Leonberger als sein Revier betrachtet; es dürfte ihm nicht gut bekommen.

Nun soll man aber auch nicht annehmen, Leonberger seien meistens geruhsame Phlegmatiker. Ihr lebhaftes Temperament zeigt sich bei der Begrüßung, beim Spiel, in Erwartung des Spazierganges oder sonstiger angenehmer Dinge; dann wird gesprungen, gerannt und gebellt vor Begeisterung. Gläser, Blumenvasen und andere empfindliche Gegenstände sollen in einem Leonberger-Haushalt tunlichst nicht auf niedrigen Tischen oder Kommoden, sondern außer Reichweite der stets freundlich oder stürmisch wedelnden Rute stehen.

Bei allem Enthusiasmus für diese liebenswerte Rasse darf nicht verschwiegen werden, daß es auch hier Ausnahmen von der Regel gibt. Aggressivität gegen Menschen ist äußerst selten, gegen Hunde des gleichen Geschlechts kann sie schon vorkommen, besonders bei sehr temperamentvollen, selbstbewußten Rüden. Gelegentlich erlebt man etwas scheue und ängstliche Tiere, wobei dieses Wesensmerkmal meistens wohl auf schlechten Erfahrungen, an denen der Mensch bewußt oder unbewußt die Schuld trägt, beruht. Mangelnder Kontakt im frühen Welpenalter, zu geringe Umweltreize, fehlender Familienanschluß oder zu große Strenge können jeden Hund zu einem Sozialversager machen, besonders aber einen so liebebedürftigen, anhänglichen und sehr viel Zuwendung benötigenden wie den Leonberger. Solche Tiere sind besonders auf das Verständnis, Einfühlungsvermögen und die Geduld ihrer Besitzer angewiesen.

Der Leonberger ist deshalb auch nicht zum harten Sporthund prädestiniert, von dem man in allen Sparten, auch im Schutzdienst, Spitzenleistungen erwarten darf. Wer wettkampfmäßigen Hundesport mit dem Ziel von Schutzhundprüfungen und Ausscheidungskämpfen betreiben will, sollte sich für eine der acht Gebrauchshundrassen entscheiden. Obwohl es eine kleine Zahl von Leonbergern auch mit Schutzhundprüfung III gibt, sind sie doch Ausnahmen.

Da der Leonberger jedoch schnell begreift und lerneifrig ist – es gibt nicht nur Packtaschenträger, Wägelchen- und Schlittenzieher unter ihnen, sondern auch „Stars“, die fast zirkusreife Vorführungen beherrschen –, ist für ihn und seinen Halter auf jeden Fall der sogenannte Breitensport zu empfehlen. Im Zusammenhang mit dem „Leonberger Sportprogramm“ soll darauf beim Thema „Ausbildung“ noch näher eingegangen werden.

Der Kauf eines Hundes

Voraussetzungen

Wer sich einen Hund zulegen möchte, soll genau überlegen, welche Rasse wohl zu ihm paßt. Ein großer Hund wie der Leonberger gehört nicht in ein Hochhaus oder eine Etagenwohnung. Man muß ihn täglich ausführen, bei jedem Wetter, Sommer und Winter, auch an Sonn- und Feiertagen oder wenn man sich einmal unwohl, müde oder krank fühlt. Man übernimmt mit dem Kauf die ethische Verpflichtung, lange Jahre für ihn zu sorgen und für ihn dazusein. Dazu gehören nicht nur regelmäßiges und artgemäßes Füttern, sondern auch die tägliche Beschäftigung mit ihm, Spaziergänge, die gerade bei einem so großen Hund unumgängliche Erziehung, die viel Geduld und Zeit erfordern kann, und Pflege und Betreuung bei möglichen Krankheiten. Man muß bereit sein, unter Umständen auch einmal auf einen bestimmten Urlaub oder eine Reise zu verzichten, da man einen so großen Hund

Gute Kameraden für Hobby und Freizeit

Autofahren ist prima – im richtig ausgestatteten Wagen

nicht überallhin mitnehmen oder in Pflege geben kann, wenn auch im allgemeinen der Leonberger bei genügend Platz ein problemloser und begeisterter Reisegefährte und Autofahrer ist.

Der finanzielle Aufwand ist möglicherweise nicht so hoch, wie oft angenommen wird, muß aber unbedingt bedacht werden. Zu den laufenden Kosten für Ernährung, Hundesteuer und die unumgängliche Haftpflichtversicherung kommen Ausgaben für den Tierarzt – regelmäßig für die nötigen Impfungen – sowie für unentbehrliche Utensilien wie Näpfe, Bürste, Leine, Halsband und ähnliches.

Wer nur einen großen schönen Hund haben will, weil der sich bei Bekannten so gut vor dem offenen Kamin machte, und glaubt, das eigene Sozialprestige damit heben zu können, sollte lieber einige Mark mehr in sein Auto investieren. Er würde nie ein guter Hundehalter werden, sondern sich wahrscheinlich schon nach wenigen Wochen entnervt von seinem neuen Hausgenossen trennen.

Haltung

Wer die nötige Liebe zum Tier mitbringt, weiß auch, daß man keinen Hund ausschließlich im Zwinger halten soll. Ein ständig dorthin ver-

Vater mit Nachwuchs

bannter Hund führt wirklich ein „Hundeleben“. Er wird seelisch verkümmern und kann unangenehme Eigenschaften wie Mißtrauen, Kontaktarmut und Aggressivität entwickeln. Dasselbe gilt natürlich für einen Kettenhund. Leider besteht Anlaß, diesen traurigen Aspekt zu erwähnen, denn besonders auf dem Lande ist diese Art der Hundehaltung auch heute noch weit verbreitet, wenngleich das Tierschutzgesetz inzwischen Grundregeln zur Hundehaltung (Zwingergröße, Laufkette) festschreibt. Für einen Leonberger ist die Kettenhaltung aber völlig indiskutabel.

Um seine guten Eigenschaften entwickeln zu können, braucht der Leonberger Familienanschluß. Er will am Familiengeschehen teilnehmen und nicht nur Zuschauer sein. Das heißt nicht, daß man seinen Hund nicht an den Zwinger, wenn die Möglichkeit dafür besteht, gewöhnen sollte. Es ist zweckmäßig und sicher auch beruhigend, ihn bei kürzerer Abwesenheit oder unter Umständen, wo man ihn im Hause gerade nicht brauchen kann, dort gut aufgehoben zu wissen. Die eigene Bequemlichkeit darf allerdings nicht der Grund für einen Zwingeraufenthalt sein.

Zwingeranlagen verschiedener Konstruktionen gibt es fertig zu kaufen. Es genügt auch, wenn man einen Teil des Grundstücks oder Gartens abtrennt und einzäunt. Grundsätzlich wichtig sind aber folgende Punkte:

- ausreichende Größe, für einen Leonberger etwa 12 bis 14 m^2;
- ein Teil des Zwingers sollte überdacht sein und einen warmen, trockenen Boden, am besten aus Holz, haben, der zur besseren Luftzirkulation und Vermeidung von Bodenfeuchtigkeit auf Pflökken oder Ziegelsteinen liegt;
- darauf eine massive, gut isolierte Hütte von mindestens 75 cm Höhe, die man mit Stroh, Holzwolle oder ähnlichem auslegen kann; viele Leonberger bevorzugen aber blanken Boden;
- frisches Wasser muß im Zwinger immer zur Verfügung stehen.

Es stimmt keineswegs, daß man einen Leonberger nicht in der Wohnung halten kann, es müssen nur einige notwendige Voraussetzungen gegeben sein:

Lage im Erdgeschoß oder bestenfalls ersten Stock, ausreichend große Räume und ein nur dem Hund gehörender Winkel oder bestimmter Platz. Dieser sollte sich nicht unbedingt im Wohnzimmer befinden, wo es normalerweise ohnehin zu warm ist und wo der Hund auch meistens im Wege liegt. Flur, Vorplatz oder auch Küche, wenn sie groß genug ist, sind dafür am besten geeignet. Dort bleibt der Hund nachts und untertags dann, wenn er alleine bleiben muß oder wenn man ihn aus irgendwelchen Gründen nicht gerade im Zentrum des Familienlebens wünscht, beispielsweise wenn Besuch da ist. Denn nicht jeder Besucher liebt feuchte Hundenasen im Gesicht, Riesenpfoten auf dem Schoß, einen schweren Kopf auf den Füßen und Hundehaare an der Kleidung. Auch sollte man nicht vergessen, daß viele Leute keine Hunde mögen oder einfach Angst haben, sei das Tier auch noch so harmlos. Der Hund muß also auch in der Wohnung seinen festen Platz haben, auf den er geschickt werden kann.

Der möglichst kurze Weg aus der Wohnung ins Freie ist wichtig, da schon einmal Störungen wie Erbrechen und Durchfall auftreten können, und dann muß es schnell gehen. Und ein Leonberger auf der Etage, der spielt, rennt, springt oder sich lautstark freut, ist für den „Unterbewohner“ nicht unbedingt ein Vergnügen. Keine Probleme dürfte es geben, wenn sich unter der Wohnung ein Geschäft, Büro oder

Lager befinden. In Mietwohnungen ist die Hundehaltung ohnehin von der Erlaubnis des Vermieters abhängig.

Stimmen also diese Verhältnisse, ist gegen die Haltung eines Leonbergers in der Wohnung durchaus nichts einzuwenden.

Klar sein muß man sich aber auch darüber, daß man in einem Haushalt, zu dem ein großer langhaariger Hund gehört, kein Reinlichkeitsfanatiker sein darf. Hundehaare an Kleidung, Sitzmöbeln und Teppichen lassen sich trotz täglichen Saubermachens nicht vermeiden. Da der Leonberger bei jedem Wetter hinaus will und auch muß, bringt er Nässe und Schmutz mit nach Hause. Deshalb ist es sehr wichtig, daß alle Mitglieder eines Haushalts sich in dem Wunsch nach einem Hund einig sind.

Man hat es schon öfter erlebt, daß der, der sich für den Herrn des Hauses hielt, einen Leonberger als Kameraden zur Freizeitgestaltung wunderbar fand, aber nach der Devise „Hauptsache, ich bin gesund und meine Frau hat Arbeit“ sich über weitere Konsequenzen keine Gedanken machte. Teilt nun die Lebensgefährtin diese Ansicht nicht, ist Leidtragender letztlich nur der Hund. Viel öfter als man gemeinhin glaubt, ist dies der wahre Grund, wenn in Zeitungsanzeigen Hunde „umständehalber“ abgegeben werden sollen.

Erst wenn alle diese Aspekte reiflich bedacht, im Familienkreis besprochen und geklärt worden sind, sollte man sich der nächsten Frage zuwenden.

Welpe oder erwachsener Hund?

Mancher künftige Hundebesitzer wird vor dieser Alternative stehen. Der Kauf eines erwachsenen Hundes hat den Vorteil, daß man seine Vorzüge und Nachteile bereits erkennen kann. Beim Welpen ist es noch völlig ungewiß, ob er ein vollständiges Gebiß bekommt, wie der HD-Befund (Ergebnis der Röntgenuntersuchung auf Hüftgelenksdysplasie) ausfällt, ja sogar die künftige Farbe des Fells kann man nur vermuten. Viele Leute meinen, wenn ein erwachsener Hund abgegeben werden soll, wer weiß, welche „Macken“ der hat, vielleicht wird er sich auch gar nicht eingewöhnen.

Aus eigener Erfahrung – wir haben bereits mehrere erwachsene Hunde erworben – ist allerdings zu sagen, daß die Eingewöhnung keinerlei Schwierigkeiten bereitete. Alle fühlten sich bereits vom zweiten Tag an zu Hause und machten uns viel Freude. Lediglich eine Hündin zeigte noch Monate später Wesenszüge, die uns nicht gefielen.

Enger Familienanschluß von Anfang an ist wichtig

Sie war von Nachbarskindern des Vorbesitzers wohl so geärgert worden, daß sie auch noch bei uns allergisch auf alle Bewegungen der Nachbarn reagierte. Aber auch sie konnte das positive „Leonberger-Wesen" nicht verleugnen. Dazu ein typisches Beispiel:

Unser sechsjähriger Nachbarsjunge befleißigte sich monatelang, diese Hündin zu ärgern, indem er sie mit Sand und Steinen bewarf, mit Knallplättchen schoß oder sie mit Karnevalsmasken zu erschrecken versuchte. Seine Freude war immer groß, wenn die Hündin sich fürchterlich aufregte. An einem drückend heißen Sonntagnachmittag wollten wir mit unseren Hunden zum Schwimmen gehen. Kaum war das Hoftor einen Spaltbreit geöffnet, um sehen zu können, ob die Straße frei war, zwängte Farina sich hindurch und stürzte auf den Nachbarsjungen zu, der, nur mit einer Badehose bekleidet, am Rinnstein saß. Aber bevor man sie noch zurückrufen konnte, begrüßte sie den Jungen freundlich und leckte ihm das Gesicht, anstatt sich für den erlittenen Ärger zu revanchieren.

Um das Risiko beim Kauf eines erwachsenen Hundes zu verringern, kann man zwei Tips geben: Nehmen Sie zur Besichtigung einen Fachmann mit, und lassen Sie, falls nicht bereits ein offiziell anerkannter Befund vorliegt, den Hund auf Hüftgelenksdysplasie röntgen.

Wenn er weiter keine Fehler hat und Sie auf Anhieb ein Verhältnis zu ihm finden, sollte einem Kauf nichts entgegenstehen. In den wenigsten Fällen sind es Wesensfehler, die zur Abgabe eines Hundes führen. Meistens handelt es sich um traurige Änderungen der Familienverhältnisse, oder die Besitzer haben sich vorher nicht genügend über die Rasse informiert. Oft sehen sie nur den kleinen, wuscheligen Welpen und machen sich nicht klar, daß er nach zehn Monaten ausgewachsen, wenn auch noch nicht erwachsen, ist und entsprechende Ansprüche an Zeit und Arbeit stellt.

Anschriften von abzugebenden Welpen, jungen und älteren Hunden können Ihnen jederzeit der Deutsche Club für Leonberger Hunde und dessen einzelne Landesgruppen vermitteln. Achten Sie allerdings stets darauf, daß der Hund auch die grüne Original-Ahnentafel des Clubs hat. Nur sie wird von VDH und FCI anerkannt.

Wie bekommt man einen Welpen?

Hat der Familienrat die Entscheidung zugunsten eines Welpen gefällt, läßt man sich vom Club in Leonberg die Welpenverkaufsliste zusenden. Sie ist immer auf dem neuesten Stand und sagt Ihnen, bei welchem Züchter Welpen vorhanden sind. Da im Jahr aber nur ungefähr 400 Welpen in Deutschland aufgezogen werden, dürfte es selten möglich sein, von einem Tag auf den anderen einen Hund zu kaufen. Deshalb ist es immer zu empfehlen, Züchter in der näheren und weiteren Umgebung zu besuchen. Dabei kann man sich zumindest die Muttertiere ansehen, feststellen, wie der Züchter seine Hunde hält und welches Verhältnis er zu ihnen hat. Andererseits muß man auch damit rechnen, daß der verantwortungsbewußte Züchter daran interessiert ist, seine Welpen nur in gute Hände abzugeben, und deshalb versucht, Ihre Einstellung zu Tieren und Ihre Lebensumstände zu erfragen. Daraus haben sich aus unserer Erfahrung nicht selten persönliche Beziehungen entwickelt, die auch über die Lebenszeit des erworbenen Hundes hinaus weitergepflegt wurden. Gute Züchter sind darüber besonders glücklich, da sie so ständig über „ihre“ Hunde unterrichtet bleiben können.

Haben Sie nun bei einem Züchter einen Welpen bestellt, wird er Ihnen eines Tages mitteilen, daß der sehnlichst erwartete Wurf zur Welt gekommen ist und Sie einladen, das stolze Ergebnis zu besichtigen. Nachdem Sie dem Züchter und der Hündin noch einige Tage Ruhe gegönnt haben, sollten Sie unbedingt einen Besuchstermin vereinbaren.

Ein gutes Quartett

Leonbergerwelpen wiegen bei der Geburt durchschnittlich zwischen 400 und 500 Gramm. Um die Größe richtig zu schätzen, stellt man sich am besten einen großen Maulwurf vor. Wenn man den Wurf dann vielleicht am fünften oder sechsten Lebenstag besichtigt, wiegen die Welpen schon 750 bis 800 Gramm. In der Wurfbox wird Sie eine friedliche Familienidylle erwarten. Die Hündin hat sich inzwischen von der Geburt erholt, ist geduscht worden und freut sich, wenn man ihren Nachwuchs bewundert. Die Welpen werden entweder satt und rund bei der Mutter liegen oder gerade eine Mahlzeit genießen, wobei es dann durchaus laut zugeht; anschließend werden sie von der Hündin mit der Zunge gewaschen, durchmassiert und verrichten – teilweise unter lautem Geschrei – ihr Geschäft.

Auch der Laie kann erkennen, ob Hündin und Welpen bei guter Gesundheit sind, und gleichzeitig sehen, wieviel Arbeit und Mühe sich ein verantwortungsbewußter Züchter macht. Sollten Sie aber der Meinung gewesen sein, sich jetzt schon einen Welpen aussuchen zu können, werden Sie enttäuscht feststellen, daß sie nahezu alle gleich aussehen. Sie haben die Augen noch geschlossen – diese gehen erst im Alter von 12 bis 14 Tagen allmählich auf –, sind farblich ziemlich einheitlich, nämlich fast schwarz, und unterscheiden sich höchstens durch die Verteilung von mehr oder weniger kleinen weißen Flecken an der Brust und den Pfoten. In den meisten Fällen verwachsen sich diese Flecken, bis auf einen Bruststern, später völlig. Sie mindern den Wert der Welpen nicht.

LEONBERG

Seit 1846 Leonberger Hundezucht

Deutscher Club
für Leonberger Hunde E.V.
Sitz: 725 Leonberg (Württ.)

Angeschlossen an den VDH. und die FCI.

Ahnen-Tafel

Name des Hundes: ______________________

Geschlecht: __________ D. L. Z. B. Nr.: __________ Wurftag: __________

Farbe und Abzeichen: ______________________

Züchter: ______________________

Eltern	Großeltern	Urgroßeltern
1. Vater	3.	7.
		8.
	4.	9.
		10.
2. Mutter	5.	11.
		12.
	6.	13.
		14.

Nach Prüfung der Abstammung eingetragen in das D. L. Z. B. für Leonberger Hunde.

Leonberg, den ______________

______________ Unterschrift des Züchters

______________ Zuchtbuchführer

Ahnentafel – verkleinertes Muster

Seit das Tierschutzgesetz die Tötung gesunder Welpen (wie es heißt: ohne vernünftigen Grund) nicht mehr zuläßt, kann Ihnen gelegentlich auch eine sogenannte Fehlfarbe begegnen. Diese Welpen fallen schon bei der Geburt durch ihre hellbraune Farbe auf, sie haben ferner braune Nasenschwämme, braune Fußballen und bernsteinfarbene Augen. Weitere fehlfarbene Hunde sind rein schwarz oder weiß, ferner die sog. „black and tan", d. h. lohfarbene Hunde. Letztere sehen dem schwarzmarkenfarbigen Hovawart sehr ähnlich. Alle sind selbstverständlich reinrassige Leonberger, entsprechen aber nicht dem vorgeschriebenen Standard. Deshalb dürfen sie auch trotz einwandfreier Abstammung und Reinrassigkeit nicht zur Weiterzucht verwendet werden und würden auch auf Ausstellungen nicht anerkannt. Der vernünftige Züchter wird solche Welpen an Hundeliebhaber zu geringem Preis oder umsonst abgeben. Wer weder züchten noch ausstellen will, kann mit solch einem Hund natürlich ebenso glücklich werden.

Wenden wir uns nun wieder unserem Wurf zu. Kommen Sie das nächste Mal vielleicht nach zwei Wochen wieder, werden Sie eine erstaunliche Entwicklung feststellen. Die Welpen wiegen jetzt etwa 2 kg, haben ihre Augen geöffnet, sie können schon etwas laufen und versuchen zu spielen. Jetzt kann man auch schon leichte Unterschiede in Größe, Farbe und Fellstruktur erkennen, auch besonders temperamentvolle oder träge Welpen lassen sich unterscheiden. Ein endgültiges Aussuchen Ihres zukünftigen Hausgenossen ist allerdings erst in der siebten oder achten Woche möglich. Dann sind die Welpen der Wurfbox entwachsen, wiegen etwa 9 bis 10 kg und toben nach der Mahlzeit meist eine Stunde lang herum. Nach welchen Kriterien kann man jetzt an die Auswahl gehen, um später möglichst einen schönen, wesensfesten Hund zu bekommen?

Hier muß man leider antworten, daß es verbindliche Kriterien nicht gibt. Selbst Züchter oder andere Experten können nur vermuten, welche Farbe der Hund einmal haben wird; Größe, Gangwerk, Gebiß und das Ergebnis der Röntgenuntersuchung auf HD sind noch völlig ungewiß. Zwei Punkte sollten auswahlbestimmend sein, nämlich Gesundheit und Wesen.

Zur Gesundheit

Lassen Sie sich vom Züchter eine Badezimmerwaage geben, nehmen Sie einen Welpen auf den Arm und betreten die Waage. Die Differenz zu Ihrem Körpergewicht ergibt das Welpengewicht. Nach unseren

Sechs Wochen alte Welpen

Erfahrungen sollte es im Welpenalter von sechs Wochen etwa 5,5 bis 6,5 kg, mit sieben Wochen etwa 7,5 bis 8,5 kg und mit acht Wochen etwa 9,5 bis 11,5 kg betragen.

Leichtere Abweichungen nach oben oder unten sind aber noch normal. Ergeben sich jedoch gravierende Abweichungen, ist gewisse Vorsicht angebracht.

Lassen Sie sich die Gewichtstabellen des Wurfes zeigen. Jeder Züchter wird seine Welpen in den ersten Tagen täglich und später wöchentlich wiegen. Längere Zeiträume ohne oder nur mit geringer Zunahme weisen auf eine Gesundheitsstörung hin, es sei denn, während dieser Zeit wurde eine Wurmkur durchgeführt. Wenigstens zwei Wurmkuren bis zum Alter von acht Wochen sollten selbstverständlich sein. Gesunde Welpen erkennt man an einem festen, kleinen Bäuchlein, glänzenden Augen und lebhaftem Temperament.

Zur Vorbeugung gegen Staupe, Hepatitis und Leptospirose werden die Welpen in der achten Woche geimpft; dies schreiben die Zuchtbestimmungen verbindlich vor.

In den letzten Jahren ist eine neue Hundekrankheit aufgetreten, die „Parvovirose". Es ist eine Viruserkrankung, deren Erreger denen der Katzenseuche ähnlich sind. Fragen Sie den Züchter, ob er den Wurf –

wie vielfach üblich – in der siebenten Woche dagegen hat impfen lassen; wenn nicht, sollten Sie dies bei Ihrem Welpen schleunigst nachholen. Diese Impfung muß in der zwölften Lebenswoche wiederholt werden, und später ist eine jährliche Nachimpfung erforderlich.

Kontrollieren Sie außerdem die Augen, ob die Lidränder glatt an dem Augapfel anliegen oder sich nach innen oder außen rollen. Das Rollen der Lider nach innen (Entropium) führt zu ständiger Reizung der Hornhaut durch die Wimpern und kann schwere Augenschäden hervorrufen. Dieser Fehler muß daher operativ beseitigt werden. Das nach außen gerollte Lid (Ektropium) ist zwar nicht gefährlich, setzt den Hund auf Ausstellungen aber erheblich zurück.

Auch das Gebiß sollte man sich ansehen, obwohl man aus dem Milchgebiß noch nichts über die endgültige Zahl der Zähne erkennen kann. Jedoch sollten für ein korrektes Scherengebiß die oberen Schneidezähne knapp über die unteren greifen; liegen die Schneidezähne aufeinander, sprechen wir vom Zangengebiß, das noch zu tolerieren ist. Ein Zurückstehen des Unterkiefers, der Rückbiß, wird sich möglicherweise aber nicht mehr verwachsen, was auch für den Vorbiß gilt, bei dem der Unterkiefer vorsteht.

Zum Wesen

Um dies bei einem Welpen beurteilen zu können, sind genaue Beobachtungsgabe und Zeit erforderlich. Gut veranlagte und „geprägte" Welpen stürmen freudig und neugierig auf den Fremden zu, beschnüffeln und beknabbern die hingehaltene Hand, beschäftigen sich mit Hosenbeinen und Schuhen des Besuchers. Ein Welpe, der zurückweicht, sich in die Ecke verkriecht und nicht spielen will, ist von vornherein nicht zu empfehlen. Er wird vermutlich immer kontaktscheu bleiben und nach allen Erfahrungen später entweder ängstlich oder aggressiv werden.

Auch die mögliche spätere Schuß- oder Lärmempfindlichkeit kann man schon erproben, allerdings nicht, wenn die Welpen gerade schlafen. Man sucht eine Gelegenheit aus, bei der sie aktiv sind, vielleicht bei der Fütterung. Man klatscht laut in die Hände oder wirft eine Blechschüssel auf den Boden. Wesensstarke Welpen werden sich davon unbeeindruckt zeigen.

Während diese Beobachtungen noch leicht zu machen sind, fallen weitergehende Beurteilungen schon schwerer. Ob der Hund später vielleicht temperamentvoll, draufgängerisch oder ruhig und ausge-

Ein vorbildlicher Rüde

glichen wird, kann man vor allem aus seinem Verhalten während des Spielens und der Futteraufnahme erkennen. Wenn Sie mit ihm auf dem Hundeübungsplatz arbeiten und bestimmte Ausbildungsziele erreichen wollen oder einen aktiven Wachhund suchen, nehmen Sie den temperamentvollen Draufgänger. Bestehen keine solchen Ambitionen, suchen Sie nur einen treuen Gefährten, oder wollen mehr Ihre Ruhe haben, sind Sie sicher mit einem ruhiger erscheinenden Hund besser bedient.

Sorgfältige Auswahl kann später unter Umständen manchen Kummer vermeiden. Kein Züchter wird es Ihnen übelnehmen, wenn Sie sich bei der Auswahl Zeit lassen. Im Gegenteil, wenn Sie ihm Ihre Vorstellungen entwickeln, sollte er Sie tatkräftig unterstützen.

Allerdings ist jeder Hund, wie auch der Mensch, ein Produkt aus Veranlagung, Erziehung und Umwelteinflüssen, und für diese beiden letzteren Faktoren sind allein der künftige Hundehalter und seine Familie verantwortlich.

Rüde oder Hündin?

Sollte diese wichtige Frage nicht schon von vornherein für Sie entschieden sein, beraten Sie sich auch darüber mit dem Züchter. Beides hat Vor- und Nachteile. Rüden sind im allgemeinen begehrter, weil die meisten künftigen Hundebesitzer nicht züchten wollen und die Unannehmlichkeiten mit der zweimal im Jahr eintretenden Läufigkeit der Hündin scheuen. Dies dürfte aber dadurch aufgewogen werden, daß Hündinnen im allgemeinen leichter zu erziehen und zu führen sind, sie sind weniger eigenwillig als Rüden. Ein Rüde kann schon ein rechter Dickschädel sein, dabei nicht weniger sensibel und anhänglich. Er wird aber auch um einiges größer und schwerer als eine Hündin und ist – voll erwachsen – bei entsprechendem Temperament ein Kraftpaket von etwa 65 kg Gewicht.

Abholen des Welpen

Nachdem Sie sich nun entschieden haben, vereinbaren Sie mit dem Züchter einen Termin zur Abholung. Der Welpe sollte dann zwischen acht und zwölf Wochen alt sein. Erfahrungsgemäß gewöhnen sich Welpen nach der achten Lebenswoche am schnellsten in ihrer neuen Umgebung ein, da um diese Zeit auch die „Sozialisierungsphase" beginnt, also der Lebensabschnitt, in dem der junge Hund lernen muß, sich in das „Rudel", das heißt jetzt die Familie, einzuordnen und den ihm zukommenden Platz in diesem Sozialgefüge einzunehmen.

Als Abholtag wählt man am besten den Beginn eines langen Wochenendes oder eines Kurzurlaubs, damit man sich gerade in den ersten Tagen intensiv um den neuen Hausgenossen kümmern kann.

Sollten Sie bis dahin noch kein längeres Gespräch mit dem Züchter geführt haben, nehmen Sie sich jetzt unbedingt Zeit dazu. Der Züchter wird Ihnen den Internationalen Impfpaß des Welpen mit den eingetragenen ersten Impfungen aushändigen, wahrscheinlich auch eine „Gebrauchsanleitung" für Welpen mit einem Fütterungsplan und das neueste Leonberger Zuchtbuch des Clubs mit Ratschlägen für die Praxis.

Viele benutzen als Kaufvertrag auch schon den entsprechenden Vordruck des VDH, auf dem eventuelle Zusatzabsprachen schriftlich festgehalten werden können. Die Ahnentafel muß Ihnen später nachgereicht werden, da sie vom Zuchtbuchamt des Deutschen Clubs für Leonberger Hunde in Leonberg ausgestellt wird und in den meisten Fällen noch nicht fertig sein kann.

Vergessen Sie nicht zu kontrollieren, ob die im linken Ohr eintätowierte Zuchtbuch-Nummer mit der im Kaufvertrag angegebenen Nummer und dem Namen des Hundes übereinstimmt.

Wenn eine längere Autofahrt bevorsteht, sollte der Welpe vorher nicht gefüttert werden; manche Welpen vertragen das Autofahren nicht auf Anhieb, und zusammen mit der begreiflichen Aufregung kann es zu Erbrechen und Durchfall kommen. Bevor Sie den Welpen „einpacken", lassen Sie den ganzen Wurf am besten noch mit einem mitgebrachten Socken oder einer Wolldecke spielen, damit der Welpe in der ersten Zeit des Alleinseins wenigstens den vertrauten Geruch des Zwingers noch um sich hat und sich nicht so verloren vorkommt.

Im Auto bringt man den Welpen entweder im Fußraum vor dem Beifahrersitz auf einer Wolldecke unter, damit er während der Fahrt gestreichelt werden und so schon engen Kontakt mit seinen neuen Besitzern aufnehmen kann, oder man setzt ihn in einen nicht zu tiefen offenen Pappkarton, der mit Papier oder der „geruchsimprägnierten" Wolldecke ausgelegt ist, und ein Mitglied der Familie nimmt ihn neben sich auf den Rücksitz. Dann kann man während der Fahrt mit ihm sprechen, ihn streicheln oder im Arm halten und ihm so über die beunruhigenden neuen Eindrücke hinweghelfen.

Etwa jede Stunde ist unbedingt eine Rast einzulegen und dem Welpen Gelegenheit zu geben, sich zu lösen. Steigen Sie mit ihm grundsätzlich nur an der dem Verkehr abgewandten Seite aus dem Wagen aus und niemals, ohne das mitgebrachte Halsband mit Leine anzulegen. Die ungewohnte Umgebung und die verwirrenden Geräusche könnten ihn veranlassen, blindlings wegzulaufen, im schlimmsten Fall vor ein Auto.

Ein Hund ist im Haus

Die Eingewöhnung

Hat man den neuen Hausgenossen heil heimgebracht, ist es selbstverständlich, daß man sich nun intensiv um ihn bemüht. Schließlich ist der Welpe recht brutal aus der vertrauten Umgebung herausgerissen worden, vermißt seine Wurfkameraden beim Spielen, muß lauter neue Eindrücke und Gerüche verarbeiten und sich an eine ganz andere Umgebung und unbekannte Gesichter und Stimmen gewöhnen.

Sicher haben Sie schon vorher überlegt, wo der Kleine seinen Schlafplatz haben soll. Möglichst nicht in der Nähe der Heizung, da der Leonberger, wie schon erwähnt, kein Freund von großer Wärme ist. Bei Steinfußboden ist eine dämmende, feste Unterlage, am besten ein Holzbrett, zweckmäßig. Hier legt man nun seine Decke hin und sorgt dafür, daß er sich nur da zum Schlafen niederläßt. Achten Sie von Anfang an darauf, daß er sich nicht vor oder hinter Türen oder in Durchgängen hinlegt. Solange er noch klein ist, kann man leicht um ihn herumgehen oder darübersteigen; ist er ausgewachsen, wird diese Unart aber sehr lästig.

Es ist möglich, daß der Welpe sich in den ersten Nächten einsam fühlt und winselt oder jault. Lassen Sie sich nicht erweichen, ihn zu sich ins Schlafzimmer zu holen, wenn Sie nicht vorhaben, ihn nachts ständig dort einzuquartieren. Denn hat der Welpe diesen begehrten Platz in der Nähe von Frauchen oder Herrchen erst einmal erobert, kann es sein, daß er ihn freiwillig nicht mehr räumen will und jeder Versuch, ihn wieder an seinen eigentlichen Schlafplatz zurückzubringen, nur weiteres Protestgeschrei zur Folge hat. Läßt man sich einige Male sehen, um ihm zu zeigen, daß er nicht völlig alleingelassen ist, und redet man ihm gut zu, wird er sich bald beruhigen und die Nächte durchschlafen.

Sollten Sie vorhaben, den Hund später gelegentlich auch stundenweise im Zwinger zu lassen, müssen sie ihn schon jetzt daran gewöhnen. Er wird zu Anfang wahrscheinlich fürchterlich jammern; hier muß man jedoch hart bleiben und ihn ruhig mal eine Stunde allein lassen. Irgendwann wird er sich schon beruhigen und später dann sogar gern draußen an der frischen Luft sein.

Duldsamkeit gegenüber Kleinkindern ist eine hervorragende Eigenschaft des Leonbergers

Viele Leute wundern sich anfangs, daß ihr Welpe so viel schläft, und machen sich darüber Sorgen. Dies ist aber ganz normal, da ein junger Hund im Grunde nur vor und nach der Mahlzeit richtig wach ist. Er braucht diesen Schlaf unbedingt, da er sonst oft zu müde zum Fressen sein wird. Allerdings gibt es auch hier je nach Temperament große Unterschiede.

Ernährung des Welpen

Am besten richtet man sich nach der Anweisung des Züchters, damit durch eine plötzliche Umstellung keine Verdauungsstörungen auftreten.
Hier nur einige Grundregeln als Empfehlung:
1 Frisches Wasser muß ständig zur Verfügung stehen.
2 Bis zum Alter von etwa fünf Monaten sollten vier Mahlzeiten am

Wann gibt's endlich was zu fressen

Tag gegeben werden; die Fütterungszeiten sollten Sie mit Ihren Gewohnheiten abstimmen, dann aber ziemlich genau bei dem festgelegten Zeitplan bleiben.

3 Übriggelassenes Futter wird nach zwanzig Minuten weggenommen, da man sich sonst einen schlechten Fresser erzieht.

4 Die letzte Mahlzeit des Tages besteht am besten aus Preßfutter, so übersteht der Kleine leichter stubenrein die Nacht.

5 Niemals rohes Schweinefleisch füttern, es kann Überträger einer gefährlichen Krankheit sein (hierzu Näheres im Kapitel „Gesundheit").

6 Nicht vergessen, ein tägliches Quantum von Spurenelementen, vor allem Calcium, zu geben. In der normalen Nahrung ist meistens ein Überangebot an Phosphor enthalten, der Hund braucht jedoch etwa ein Fünftel mehr Calcium als Phosphor. Man muß sich vorstellen, daß ein Leonberger im ersten Lebensjahr etwa 40 bis 60 kg Muskeln, Bindegewebe und Knochen aufbaut, und für einen gesunden Knochenbau ist Calcium unersetzlich. Es gibt viele Präparate im Tierhandel, zu empfehlen sind allerdings auch solche aus der Humanmedizin wie beispielsweise Calciumcitrat oder besonders Calcium frubiase.

Letzteres ist zwar hervorragend, aber nicht billig und nur in der Apotheke erhältlich. Fragen Sie hierzu auch den Züchter nach seinen Erfahrungen.

7 Wenn man nichts falsch machen will, füttert man Fertigfutter in allen Variationen, Dosen- oder Trockenpräparate. Wechseln Sie gelegentlich die Sorte, Sie werden bald feststellen, was Ihr Hund bevorzugt. Sollte der Züchter Ihnen – wie man es manchmal noch hört – erklärt haben, der Hund brauche Fleisch, Fleisch und nochmals Fleisch, so sei ihm gesagt, daß er die letzten Jahre der Ernährungsforschung verschlafen hat. Sicher gibt es die unterschiedlichsten Ansichten über die richtige Ernährung – zehn Züchter, zehn verschiedene Fütterungsmodelle, aber neun davon sind richtig. Wenn man den Hund jedoch als reinen Fleischfresser bezeichnet, ist man der zehnte dieser Züchter, der Hundeernährung zu einseitig sieht.
Ein bestimmter Anteil an rohem Fleisch – Rind oder Schaf – sollte allerdings vorgesehen werden, einfach, weil der Hund es gerne mag, es ist seine artgemäße Nahrung.
Ausführlich wird dieses Thema im Kapitel „Ernährung“ behandelt.

Beschäftigung ist wichtig

Was der Welpe für sein Wohlbefinden ebenso nötig braucht wie Futter und Wasser, sind Zuwendung, Beschäftigung und Spiel. Normalerweise spielt er mit seiner Mutter und den Geschwistern, die man nun ersetzen muß. Wenn der kleine Kerl ausgeruht und wach ist, steckt er voller Neugier und Tatendrang, und es ist Ihre Aufgabe, beides in die richtigen Bahnen zu lenken und ihn zu beschäftigen. Zum Spielen ist ihm jeder Gegenstand recht, seien es Schuhe, Teppichfransen, Stuhlbeine, Sofakissen, die Einkaufstasche, herabhängende Zipfel der Tischdecke oder Elektrokabel.

Gerade in der Wohnung kann ein kleiner Hund daher nicht nur viel Schaden anrichten, sondern sich auch ernstlich in Gefahr bringen. Machen Sie ihm also von Anfang an durch ein energisches „Pfui“ klar, welche Gegenstände verboten sind, und sorgen Sie andererseits dafür, daß ihm genügend Spielzeug zur Verfügung steht, auf dem sich auch ungestraft herumkauen läßt, wie z. B. alte Lederlatschen, Büffelhautknochen, dicke Socken oder ähnliches. Bälle nur, wenn sie so groß sind, daß sie keinesfalls verschluckt werden können. Begeistert wird fast immer eine ausrangierte Strumpfhose angenommen, die man an einer Türklinke oder dem Balkongeländer befestigen kann. Sie darf

Er weiß am besten, wann er eine Pause braucht

allerdings nicht aus Nylon bestehen, das – wie jeder Kunststoff – zerbissen und heruntergeschluckt für den Hund sehr gefährlich werden kann. Die Beschäftigung mit dieser Strumpfhose macht oft über Stunden viel Spaß, da sich der „Gegner" ja bis auf drei oder vier Meter langziehen läßt. Grundsätzlich aber den Kleinen immer im Auge behalten; der Einfallsreichtum von Welpen im Entdecken und Erfinden neuer Spielmöglichkeiten ist unerschöpflich.

Wer ist der Herr im Haus?

Von größter Bedeutung für die Entwicklung des kleinen Hundes ist eine Bezugsperson in der Familie, die sich vorwiegend um seine Ernährung, Pflege und vor allem seine Erziehung kümmert und für ihn sozusagen das Oberhaupt des Rudels darstellt. Dies kann Herrchen oder Frauchen sein –, Kinder sind für diese Aufgabe, trotz der Kinderliebe des Leonbergers, nicht geeignet, da sie einfach nicht die nötige Autorität besonders gegenüber dem heranwachsenden Hund besitzen; dies ergibt sich schon aus den Größenverhältnissen. Ein halbstarker oder gar erwachsener Leonberger verfügt über solche Kräfte, daß Kinder hier einfach überfordert wären. Der Hund muß merken, daß der Mensch ihm überlegen ist und diese Überlegenheit, wenn nötig, auch durchsetzen kann und wird.

Stubenreinheit – ein Problem für sich

Jedem dürfte klar sein, daß ein Welpe, wenn ihn der Züchter abgibt, noch nicht stubenrein sein kann. Im Normalfall verfügt er aber über einen gewissen Reinlichkeitssinn, der ihn daran hindert, seinen engeren Bereich zu beschmutzen.

Unsere Welpen werden schon ab drei Wochen daran gewöhnt, ihr Geschäft nur auf Wellpappe oder Zeitungspapier zu verrichten, das immer in derselben Ecke des Welpenstalles liegt. Es reichen nur wenige Tage Aufmerksamkeit, und alle Welpen wissen, wo ihr Löseplatz ist. Hier kann nun die Erziehung gezielt ansetzen. Gehen Sie mit dem Welpen stets an die gleiche Stelle: im Hof oder Garten, am Straßenrand, aber niemals auf dem Bürgersteig oder vor anderer Leute Türen. Eine Stelle mit normalem Erdboden, Kies, Sand oder der Grünstreifen zwischen Fahrbahn und Bürgersteig sind ohnehin besser geeignet als Pflaster oder Betonbelag. Aber grundsätzlich außerhalb eines eingezäunten Grundstücks niemals ohne Leine – die Gefahr, daß der Welpe nach vollbrachter Tat auf die Fahrbahn läuft, ist zu groß. Ist er Wellpappe gewohnt, legen Sie ihm, wenn das möglich ist, ein Stück von etwa 1 m^2 Größe hin. Hat er dort einige Male sein Geschäft verrichtet, wird er mit Sicherheit diese Stelle zu seinem Lieblingsplatz erklären.

Nun bleibt noch übrig, seine Verdauungsgewohnheiten zu erkunden. In den ersten Tagen muß man ihn ständig genau beobachten. Wenn er unruhig wird, gerade erwacht, sich dreht oder eben gefressen hat, ist es meistens soweit, sonst sollte man ihn etwa alle zwei Stunden zu seinem Löseplatz bringen. Ist dann sein Bemühen von Erfolg gekrönt, streicheln und loben Sie ihn. Wenn er Ihre Freude merkt, wird er bestimmt bald die Ursache mit diesem positiven Erlebnis in Verbindung bringen.

Anfangs ist es jedoch unvermeidlich, daß auch ein Mißgeschick mal in der Wohnung passiert. Vergessen Sie alle Patentrezepte, wie zum Beispiel den Hund mit der Nase hineinstecken und ihn lautstark nach draußen weisen. Er kann das nicht begreifen. Die richtige Reaktion ist, energisch „Pfui“ zu rufen, ihn eventuell leicht am Nackenfell zu schütteln und schnellstens zu seinem Löseplatz zu bringen.

Zu Ihrer Beruhigung sei gesagt, daß es in dieser Hinsicht beim Leonberger Welpen meistens nur geringe Schwierigkeiten gibt. Allerdings sind Rüden seltsamerweise gemeinhin schwerer stubenrein zu bekommen als Hündinnen.

Wichtige Punkte – nicht vergessen!

1 Ein Welpe sollte grundsätzlich nur beim Züchter gekauft werden.
2 Holen Sie ihn möglichst in einem Alter zwischen acht und zehn Wochen dort ab.
3 Kontrollieren Sie die Übereinstimmung der Tätowiernummer im linken Ohr mit der im Kaufvertrag angegebenen Zuchtbuch-Nummer.
4 Lassen Sie sich die unverzügliche Zusendung der Ahnentafel im Kaufvertrag zusichern.
5 Prüfen Sie die Eintragungen im Impfpaß und ob der Welpe auch gegen Parvovirose geimpft wurde.
6 Wiederholungsimpfung gegen Staupe, Hepatitis und Leptospirose mit etwa zwölf Wochen, bei schon eingesetztem Zahnwechsel verschieben.
7 Tierarzt wegen Wiederholung der Parvovirose-Impfung fragen, Schutzimpfung gegen Tollwut nicht vergessen.
8 Jährliches Nachimpfen gegen Parvovirose und Leptospirose sowie gegen Tollwut nach Bedarf (Anerkennung der Tollwut-Schutzimpfung für Reisen, Grenzübertritte und Ausstellungen ein Jahr).
9 Impfung gegen Staupe und Hepatitis jeweils nach Weisung des Tierarztes.

Erziehung muß sein – Ausbildung kann sein

Erziehung des jungen Hundes

Ein wichtiger Punkt der Erziehung, die Stubenreinheit, ist schon behandelt worden. Doch damit ist es nicht getan. Der junge Hund muß lernen, sich in die Familie und deren Lebensgewohnheiten, die seinen natürlichen Veranlagungen und Neigungen zunächst weitgehend entgegengesetzt sind, einzufügen und sein Verhalten diesen Anforderungen anzupassen. Er muß lernen, den Wünschen und Befehlen des Menschen nachzukommen, und zwar möglichst so, daß dies jedesmal eine positive Erfahrung für ihn bedeutet.

Aufmerksam wird alles verfolgt

Bestrafen Sie Ihren jungen Hund niemals durch Schläge, auch wenn Sie noch so wütend sind. Er würde handscheu werden und schließlich sogar Angst zeigen, wenn Sie ihn nur streicheln wollen. Welch unwürdiger Anblick ist schließlich ein großer Hund, der sich seinem Herrn nur zögernd und kriecherisch nähert; dies ist keine Empfehlung für den Hundebesitzer.

Ebensowenig ist der „Liebesentzug", etwa in Form von Nichtbeachtung, ein geeignetes Erziehungsmittel. Solche Maßnahmen bringen in der Hundeerziehung wie in der Kindererziehung keinen Erfolg.

Tut Ihr Welpe etwas, was er nicht soll, genügt in den meisten Fällen ein kräftiges „Pfui" oder betontes „Nein", um ihn von dem abzubringen, womit er sich gerade beschäftigt. Kommt er daraufhin zu Ihnen, streicheln und loben Sie ihn ausdauernd mit gedehnten Worten wie „Sooo ist's braav" oder „Sooo ist er ein lieber Hund" oder ähnlichen albernen Sprüchen, die unbeteiligte Nichthundebesitzer immer leicht an unserer Zurechnungsfähigkeit zweifeln lassen. Doch wichtig für den Welpen sind der Tonfall, nicht der Inhalt der Worte, und der freundliche Gesichtsausdruck.

Sollte das erste oder auch zweite lautstärkere „Pfui" keine Wirkung gehabt haben, kann man den Übeltäter schließlich von hinten kräftig im Nackenfell fassen, leicht schütteln und von dem verbotenen Gegenstand wegbringen. Man lenkt ihn besser mit neuem, erlaubtem Spiel ab.

Oberstes Gebot bei allen Erziehungsmaßnahmen ist die konsequente Durchsetzung. Nichts begreift ein Hund weniger und verwirrt ihn mehr, als wenn er beispielsweise bei besonders guter Laune seines Herrn aufgefordert wird, aufs Sofa zu kommen, was sonst grundsätzlich nicht erlaubt war. Auch sollte man unbedingt darauf achten, daß Kinder dem Hund keine Unarten durchgehen lassen, die bei Herrin und Herrn verboten sind.

Dasselbe gilt auch, wenn der Hund ein Kommando erhält, das er bereits beherrscht, und nicht darauf bestanden wird, daß er es auch befolgt. Er muß von Anfang an beigebracht bekommen, daß Befehle wie „Sitz", „Platz" und „Aus" unter allen Umständen auszuführen sind. Diese einfachen Dinge lernt er bereits im Welpenalter leicht. Dabei ist Lob das erfolgreichste Hilfsmittel. Loben Sie ihn ruhig überschwenglich, wenn er etwas richtig gemacht hat, er wird sich gern daran erinnern und Ihnen denselben „Gefallen" beim nächsten Mal um so lieber tun.

Kommt der Welpe auf Sie zu und bleibt wedelnd stehen, heben Sie

„Sitz" muß man schon bald beherrschen

mit einer Hand leicht seinen Kopf hoch und mit dem deutlichen Befehl „Sitz" drücken Sie zugleich das Hinterteil nieder.

Desgleichen drückt man ihn, wenn er sich niederlegen soll, mit einem energischen „Platz" am Widerrist (Schultern) zu Boden. Gegebenenfalls muß man hier etwas nachhelfen und Kommando und Druck wiederholen, wenn er gleich wieder aufstehen will.

Auf den Befehl „Aus" nimmt man ihm einen Gegenstand aus dem Fang, einen Knochen oder Spielzeug. Es ist sehr wichtig, daß der Hund von Anfang an lernt, daß er seine Beute wieder hergeben muß und sein Herr ihm auch ungestraft zwischen die Zähne fassen darf. Im Spiel mit einem Ball oder Holz lernt er das am einfachsten, da er schnell begreifen wird, daß der Gegenstand, dem er begeistert hinterherrennt, nur dann wieder fortgeworfen werden kann, wenn er ihn zuvor hergegeben hat.

Die Unart des Bettelns bei Tisch wird der Hund sich überhaupt nur dann angewöhnen, wenn er durch entsprechende Erfolgserlebnisse dazu ermutigt wird; also hat der Hundehalter sich die Schuld daran selbst zuzuschreiben. Deshalb sollte grundsätzlich niemals etwas bei der Mahlzeit vom Tisch gegeben werden.

Ein natürlicher Ausdruck der Freude des Hundes, vor allem bei der Begrüßung, ist das Anspringen. Obwohl dies außerordentlich lästig sein kann, wenn man beispielsweise gut gekleidet nach Hause kommt, sollte man es ihm doch nicht generell zwangsweise abzugewöhnen versuchen, da die Unterdrückung einer solch spontanen, positiven Gefühlsäußerung eigentlich nur negative Wirkung haben kann. Man versuche zu üben – solange der Hund noch nicht ausgewachsen ist, geht es verhältnismäßig leicht –, durch seitliches Wegdrehen des Körpers auszuweichen und mit dem Unterarm die Vorderpfoten des Hundes aufzufangen. Dann das Kommando „Sitz“, dem man mit der anderen Hand nachhilft, und dann krault man ausgiebig das Brustfell, bis sich die Aufregung der Begrüßung gelegt hat. Eine Garantie, daß dieses etwas kompliziert klingende Rezept bei allen Leonbergern wirkt, gibt es natürlich nicht.

Leinenführigkeit

Mit Halsband und Leine hat der Welpe normalerweise schon auf dem Heimweg vom Züchter Bekanntschaft gemacht. Anfangs wird ihn das Halsband schrecklich stören, er setzt sich immer wieder hin und versucht, mit einer Hinterpfote das lästige Ding abzukratzen. Aber nach kurzer Zeit hat er sich daran gewöhnt. Hat man ihn mit viel Geduld dahingebracht, erst einmal einige Schritte an der Leine zu gehen, wird er bald merken, daß damit immer etwas Erfreuliches, nämlich ein Ausgang, verbunden ist.

Zunächst wird er noch manchmal stehenbleiben und sich sträuben, weiterzugehen. Es wäre jetzt völlig falsch, ihn einfach gewaltsam weiterzuzerren. Man dreht sich um, bückt sich oder hockt sich nieder und versucht, den Welpen unter gutem Zureden und mit freundlichem „Hier“ oder „Komm“ zu sich heranzulocken, gegebenenfalls mit leichtem Zug an der Leine nachzuhelfen. Dann wird er gelobt und gestreichelt, und bestimmt geht er dann wieder willig weiter.

Wenn er sich mit der Leine abgefunden hat und schon der Griff danach Freudensprünge in Erwartung des Fortgehens hervorruft, kann man beginnen, ihm beizubringen, daß er auf das Kommando „Fuß“ an der linken Seite, und zwar möglichst dicht mit dem Schulterblatt am Knie seines Führers, bleiben soll. Man hält die Leine in der rechten Hand und kann ihn mit der linken während des Gehens dann immer

Auch viel Publikum kann Leonberger nicht aus der Ruhe bringen

wieder kraulen und streicheln, außerdem durch einige Leckerbissen in der linken Hosentasche das „Beifußgehen" im wahrsten Sinn des Wortes auch „schmackhaft" machen.

Zieht er nach vorn oder zur Seite, darf man ihn jetzt, da er nun schon etwas älter ist, mit einem kräftigen kurzen Ruck an der Leine und dem Kommando „Fuß" wieder in die richtige Position zurückholen.

Besonders in belebten Straßen ist die Leinenführigkeit unerläßlich. Ein nicht angeleinter Hund kann sich und andere gefährden und schwere Verkehrsunfälle verursachen.

Bevor man eine Straße überquert, hält man an der Bordsteinkante mit Kommando „Steh" an, dann folgt „Sitz", und man wartet den Verkehrsfluß ab. (Es mag naheliegend erscheinen, beim Stehenbleiben „Halt" zu sagen, doch kommt dieser Befehl in keinem Ausbildungsprogramm vor. Das Kommando für den Begriff Anhalten heißt „Steh". Um den Hund nicht in Verwirrung zu bringen, falls man später einmal

Ein schönes Paar

mit ihm auf den Übungsplatz gehen will, ist es besser, von Anfang an nur dieses Wort zu verwenden.)

Das Stehenbleiben am Straßenrand sollte dem Hund in Fleisch und Blut übergehen, so daß man grundsätzlich immer anhält, ob nun gerade Autos vorbeikommen oder nicht, und erst nach einigen Sekunden Wartezeit mit dem Kommando „Fuß“ weitergeht.

Herankommen

Eine unter Umständen sehr schwierige Erziehungsaufgabe ist es, dem Hund das Kommen auf Rufen oder Pfeifen beizubringen. Dabei gibt es die unterschiedlichsten Erfahrungen. Bei vielen geht das ganz einfach wie von selbst, bei manchen erfordert es sehr viel Geduld und Selbstbeherrschung.

Am besten fängt man schon vom ersten Tage damit an, vor dem Hinstellen der Futterschüssel mit „Komm“, „Hier“ oder einem bestimmten Pfeifsignal den Welpen heranzulocken, so daß er mit diesem Befehl durch die darauffolgende Mahlzeit unmittelbar etwas

Angenehmes verbindet. Sonst kann man, besonders wenn er aus größerer Entfernung der Aufforderung gefolgt ist, die Belohnung nicht nur durch Lob, sondern auch einen kleinen Leckerbissen eindrucksvoller machen.

Bei sehr eigenwilligen Welpen, die auf Lockungen oder Befehle nicht reagieren, wenn sie sich außerhalb des direkten Einwirkungsbereiches befinden, kann man gegebenenfalls mit einer langen Leine nachhelfen. Man läßt ihm zunächst viel Spielraum und holt ihn dann mit einem energischen Ruck heran, wenn er auf Ruf oder Pfiff nicht kommt. Aber auch dann ist er zu loben.

Eine andere Methode basiert auf dem sogenannten „Liebe-Gott-Effekt", der den Eindruck hervorrufen soll, daß Frauchen oder Herrchen auch auf größere Entfernung noch über „unsichtbare" Möglichkeiten der Einwirkung verfügen. Man nimmt ungefährliches Material (eine Wurfkette oder runde Steinchen) und wirft sie in die Nähe des Welpen, wenn er gerade anderweitig interessiert ist und Ihr Rufen ignoriert. Das Geräusch wird ihn erschrecken oder verunsichern, und die normale, mit ziemlicher Sicherheit zu erwartende Reaktion ist, daß er, wenn er in diesem Moment wieder den Ruf hört, „schutzsuchend" zurückläuft. Natürlich soll die Kette ihn nicht treffen, und er darf auch nicht merken, woher dieses unerklärliche, beunruhigende Ding gekommen ist. Jetzt muß er gelobt und gestreichelt werden.

Völlig falsch wäre es, einen jungen Hund zu bestrafen, wenn er Ihre „erzieherischen Bemühungen" längere Zeit ignoriert hat und schließlich sichtbar unlustig angetrottet kommt. Denn das Zurückkommen zu Frauchen oder Herrchen darf niemals ein negatives Erlebnis werden, das würde nur dazu führen, daß er es künftig zu vermeiden sucht.

Sorgen Sie auch dafür, daß der Welpe von Anfang an Kontakt zu anderen Hunden hat, um zu spielen und sich auszutoben. Nur wenn er so oft wie möglich mit Artgenossen zusammenkommt, hat er Gelegenheit, natürliches Verhalten zu entwickeln und entsprechend zu reagieren. Dann wird er, wie dies ohnehin der Veranlagung der Leonberger entspricht, später freundlich und verträglich mit anderen Hunden sein. Unangenehme Erlebnisse mit Raufern sollte man zu vermeiden suchen, um nicht entsprechende Gegenwehr- oder Angstreaktionen zu programmieren.

Ausbildung des Leonbergers

Allgemeines

Über die Ausbildung von Hunden gibt es genügend spezielle Literatur, die anschaulich und detailliert die einzelnen Ziele und Lernstufen beschreibt und praktische Anleitungen gibt. Im Rahmen dieses Kapitels soll nur auf die spezifischen Eigenarten des Leonbergers eingegangen werden.

Vor Beginn einer jeden Ausbildung steht die eingehende Beobachtung des Zöglings, um die Psyche des Hundes, seine Tugenden und Fehler zu erkennen. Da der Leonberger nicht zu den acht anerkannten Schutzhundrassen zählt, wird er als Sporthund relativ selten geführt. Dieser Tatbestand bedeutet aber nicht, daß er für solche Aufgaben ungeeignet ist. Wie jedoch bei allen Vertretern großer Hunderassen, Dogge, Neufundländer, Bernhardiner, die über große Körperkraft verfügen, besteht die Möglichkeit, daß der auf den Mann abgerichtete Hund in der Hand eines ungeschickten Ausbilders zu einer Gefahr wird. Deshalb sollte der Leonberger unter allen Umständen nur unter Anleitung erfahrener Hundesportler ausgebildet werden.

Am Anfang jeder Ausbildung stellt sich die Frage, in welchem Alter man damit beginnen soll. Folgt man den Empfehlungen für die Großhundrassen, so sollte mit der Ausbildung nicht vor eineinhalb Jahren begonnen werden. Dieser Rat ist grundsätzlich falsch, denn auch beim Leonberger müssen in der Sozialisierungs- und Lernphase die Grundlagen für die spätere Ausbildung geschaffen werden. Die Empfehlung, mit der Leonberger-Ausbildung möglichst lange zu warten, resultiert aus der Erkenntnis, daß dieser Hund im Gegensatz zu anderen Rassen sehr lange jugendlich bleibt, also ein „Spätentwickler“ ist.

Wie jeder junge Hund braucht der Leonberger Spiel, Lob und Zuneigung. Unter Ausnutzung der jugendlichen Eigenschaften kann mit der Ausbildung mit einem halben Jahr begonnen werden. Zwang und Tadel sind in diesem Alter natürlich ungeeignete Mittel. Grundsätzlich kann gesagt werden, daß der Leonberger auf Ausbildungshärten verstockt und störrisch reagiert. Er ist kein Hund für die Hände unbeherrschter Ausbilder, dann wird er sein Klassenziel nie erreichen.

Mit dem spielerischen Erlernen von Übungen läßt sich ein Ausbildungsstand erlangen, der sehr wohl mit dem der Schutzhundrassen zu vergleichen ist.

Fährte

Im Alter von sechs Monaten sollte mit der Nasenarbeit, also mit dem Absuchen von Fährten, begonnen werden. Aufgrund seiner ausgezeichneten Veranlagung für das Suchen ist der Leonberger vielen anderen Rassen auf diesem Gebiet gleichwertig. Eine frühe Förderung dieser Eigenschaften kann ihn als Fährtenhund zu Spitzenleistungen führen. Die Suche kann sowohl über Schleppfährten wie über das Auslegen von Leckerbissen erlernt werden. Häufigkeit und Schwierigkeitsgrade sind wohl zu dosieren; wirkt der Hund lustlos, sollte man ihm unbedingt eine Pause gönnen. Ein Erfolgserlebnis, wie das Finden eines vollen Freßnapfes oder seines Lieblingsspielzeugs, können sein Interesse an der Arbeit sehr fördern.

Unterordnung

Die Gelehrigkeit des Leonbergers unter Ausnutzung des Spieltriebes macht es möglich, mit der Unterordnung im Alter von acht Monaten zu beginnen. Auch hierbei sollte das Lernpensum den Junghund nicht überfordern. Die Freude an den Unterordnungsübungen kann sehr schnell in Unlust umschlagen, wenn der Eifer des Ausbilders dazu führt, Länge und Häufigkeit der Übungen auf ein Maß zu steigern, das sich an den Ausbildungsmethoden für die herkömmlichen Schutzhundrassen orientiert. Die Devise beim Leonberger muß heißen: Geduld und keine übertriebene Hast. Dabei wird er einmal Erlerntes in seinem Leben nicht mehr vergessen. Auch sollte man nicht den Ehrgeiz haben, solch einem großen Hund die Schnelligkeit abzuverlangen, wie sie z. B. vom Schäferhund gefordert wird; dies gilt insbesondere für die Rüden, die in der Regel erheblich größer und schwerer sind als Hündinnen.

Lassen Sie sich also Zeit bei der Einstudierung der Übungen, und steigern Sie die Anforderungen behutsam mit zunehmendem Alter. Die Springübungen sollten dabei am Ende der Ausbildung stehen, wenn der Hund seine körperliche Entwicklung abgeschlossen hat. Dagegen kann man mit dem Spielapportieren recht früh beginnen. Vermeiden Sie beim Leonberger den sogenannten Zwangsapport, er wird auch als Spielapportierer ein sicherer und zuverlässiger Bringer werden.

Schutzdienst

Die sogenannte Mannarbeit, also der Schutzdienst, ist beim Leonberger, wie auch bei anderen Rassen, der problematische Teil der Ausbildung. Sie sollte mit dem einjährigen Hund beginnen. Im allgemeinen kann der Leonberger Spiel von Ernst gut unterscheiden, er weiß also, wann er für seine Familie Verteidigungsbereitschaft zeigen muß, und er wird jeden Eindringling durch Knurren und Bellen warnen.

Um sich und die Familie zu schützen, benötigt der Hund den sogenannten Kampftrieb, der bei den Leonbergern unterschiedlich ausgeprägt ist und durch Schlüsselreize aktiviert wird. Der Leonberger neigt dazu, beim häufigen Wiederholen von Kampfszenen diese nicht mehr ernst zu nehmen oder, im anderen Extrem, übernervös und aggressiv zu reagieren. Die zweite im Schutzdienst wichtige Eigenschaft ist der Beutetrieb, also das natürliche Verhalten eines jeden Raubtieres, Wild zu erbeuten. Der Beutetrieb ist auch die Eigenschaft, die die Bereitschaft zu Kampfhandlungen weckt, zumal hier das Interesse nicht so schnell erlahmt. Es soll mit dem Leonberger in der Ringhetze begonnen werden, das heißt, mehrere Junghunde sind angeleint auf dem Übungsplatz, während der Scheintäter mit einem Sack an den Hunden vorbeiläuft.

Erst wenn der Beutetrieb voll ausgeprägt ist – festes Zufassen in den Sack und „Totschütteln der Beute“ –, kann man den Kampftrieb durch Bedrängen des Hundes beleben. Der Leonberger hat eine längere Anlaufphase, als dies bei anderen Rassen üblich ist. Es ist nicht selten, daß sich ein Leonberger erst mit zweieinhalb Jahren voll dem Kampf stellt. Beginnen Sie also nicht, bevor er zwei Jahre alt ist, mit den eigentlichen Kampfhandlungen, und dann muß der Hund stets die Erfahrung machen, daß er Sieger bleibt. Wenn Sie sich nicht durch falschen Ehrgeiz verleiten lassen, werden Sie einen schneidigen Hund im Schutzdienst bekommen, aber nochmals muß auch hier auf die enorme Kraft des Leonbergers hingewiesen werden, die zu gefährlichen Situationen für den Scheintäter führen kann.

Leonberger im Schutzdienst

Hier hat er den Scheintäter gestellt . . .

. . . und hier verbellt er ihn

Empfehlungen

Zum Abschluß der Ausführungen über die Ausbildung des Leonbergers muß jedem Anfänger auf diesem Gebiet empfohlen werden, sich einem Gebrauchshundverein anzuschließen, wo ihm erfahrene Vereinskollegen mit Rat und Tat zur Seite stehen. Man muß aber darauf hinweisen, daß der Leonberger in der Ausbildung nicht mit den Schutzhundrassen gleichgestellt werden kann. Wenden Sie sich mit Fragen zur Ausbildung Ihres Hundes an den Ausbildungswart der jeweiligen Landesgruppe des Leonberger Clubs, der Sie sicher gern beraten und unterstützen wird. Der Deutsche Club für Leonberger Hunde e. V. hat eine eigene Prüfungsordnung herausgegeben, wonach spezielle Ausbildungskennzeichen vergeben werden. Nähere Einzelheiten sind dem Leonberger Sportprogramm zu entnehmen, das über alle Möglichkeiten des Breiten- und Leistungssports, auch nach den Prüfungs- und Turnierordnungen des Deutschen Hundesportverbandes, informiert.

Aus der Fülle der dort beschriebenen Möglichkeiten, mit dem Hund zu üben, zu arbeiten und Sport zu treiben, sei wenigstens eine allen Leonberger Besitzern dringend empfohlen:

Die Ausbildung zum Verkehrssicheren Begleithund (VB). Hierfür werden keinerlei Ansprüche an Kampf- oder Verteidigungsbereitschaft gestellt. Es geht darum, daß der Hund lernt, sich gehorsam, ruhig und von äußeren Einwirkungen unbeeindruckt zwischen Menschen und im Straßenverkehr zu bewegen. Dieses Ausbildungsziel kommt den natürlichen Eigenschaften des Leonbergers entgegen und ist den Verhältnissen unserer hochmotorisierten Zeit angemessen.

Die bestandene VB-Prüfung berechtigt auf club-internen Ausstellungen zur Meldung in der Gebrauchshundklasse, sie umfaßt außerdem alle auf einer Körveranstaltung verlangten Übungen zur Wesensprüfung. Sie ist eine Grundlage für den Hundehalter, der, darauf aufbauend, vielleicht versuchen möchte, mit seinem Leonberger weitere Ausbildungsziele wie Wachhund, Fährtenhund, Rettungs- oder Schutzhund zu erreichen.

Pflege des Leonbergers

Grundsätzlich muß man sich darüber im klaren sein, daß ein Hund natürlich immer etwas Arbeit bereitet, aber der Leonberger ist ausgesprochen „pflegeleicht“, er wird weder getrimmt noch gestutzt, gelockt, geföhnt oder toupiert, er ist von Natur aus einfach schön. Während des Haarwechsels, der zweimal im Jahr eintritt, muß er des öfteren gut gestriegelt und durchgebürstet werden, um die losen Haare zu entfernen. In der übrigen Zeit reicht eine wöchentliche Behandlung des Felles aus, wenn man darauf achtet, daß die Haare nicht verfilzen – was besonders hinter den Ohren, an den Hosen (Behaarung der Hinterschenkel) und an der Rute der Fall sein kann. Sollten sich einmal Filzknubbel gebildet haben, hilft vielleicht ein Entfilzungskamm, mit dem man aber nicht zu grob umgehen darf, um das lange Haar nicht auszureißen. Besser schneidet man die verfilzten Stellen mit einer runden Schere einfach heraus.

Für das normale Durchbürsten eignet sich am besten ein Aluminiumstriegel mit Handgriff, der auf einer Seite grobe und auf der anderen engstehende Zacken aufweist. Die Pflege der Mähne, Rute und Hosen, also der längeren Haare, ist am einfachsten mit einer Vielzahnbürste. Keinesfalls sollte man das Fell mit einem Kamm „durchpflügen“, da das Schmerzen bereiten und auf die Dauer zu einer Reizung der Haut führen kann. In besonderen Fällen ist es richtig, mit einer Hand die Haut festzuhalten und die Fellpartie mit dem Kamm gefühlvoll durchzugehen. Auf diese Weise lassen sich auch Kletten oder andere festsitzende Pflanzenteile leicht entfernen, die besonders gern auch in den „Federn“ (lange Behaarung an der Rückseite der Vorderläufe) hängenbleiben.

Der Hund soll die Fellpflege wie eine Belohnung genießen. Dazu ist Voraussetzung, daß man ihm niemals Schmerzen bereitet, ständig beruhigend mit ihm spricht, ihn lobt und krault. Er muß sich auf den Rücken legen und auf die andere Seite drehen lassen, und meistens bereitet gerade das Bürsten von Brust- und Bauchseite besonderes Vergnügen.

Sollte der Hund gelegentlich unangenehm aus dem Fell riechen, was bei feuchtem Wetter der Fall sein kann, hilft es, ein Trockenshampoo vor dem Bürsten einzumassieren. Als Nebenwirkung erzielt man damit ein glänzendes und weiches Fell.

Hier muß noch ein wesentlicher Punkt erwähnt werden: Leonberger lieben das Wasser. Sie werden immer versuchen, mit diesem geschätzten Element in engeren Kontakt zu kommen, und sei es auch nur in Gestalt einer Pfütze oder eines Schlammloches vorhanden. Dementsprechend sieht der Hund nach manchen Spaziergängen auch aus, besonders bei schlechtem Wetter. Unser Rüde hat eine sehr einfache Lösung dieses Problems gefunden, indem er nämlich nach jedem Spaziergang, ob im Sommer oder Winter, bis zur Schulter in den Gartenteich steigt, um zu trinken und sich abzukühlen. Kommt er dann triefend heraus, ist er auch sauber, und nach ausgiebigem Schütteln wird er abgerieben (ausgediente Haushaltswäsche, die man kochen kann, ist hierfür bestens geeignet) und kommt sofort zum Trocknen ins Haus.

Gleiches läßt sich aber auch erreichen, wenn man den Hund an der Unterseite mit dem Gartenschlauch abspritzt, wobei der Strahl natürlich nicht scharf sein, sondern nur eine Sprühdüse verwendet werden darf. Auch diese Behandlung wird, wie die Fellpflege, im allgemeinen sehr genossen.

Wenn der Hund sich einmal im Schmutz gewälzt hat und mit Bürste und Trockenshampoo nicht mehr zu reinigen ist, kann man ihn natürlich auch mit einem speziellen Hunde- oder notfalls Babyshampoo baden. Auch bei solch milden Waschmitteln sollte kein Schaum in die Augen gelangen, und das Innere des Ohrs mit einem Wattebausch geschützt werden. Nachdem das Fell mit lauwarmem Wasser gründlich ausgespült wurde und der Hund sich einige Male geschüttelt hat, wird er gründlich abgerieben und so lange im Haus behalten, bis er trocken ist. Die Pflege von Augen, Ohren und Zähnen wird im Kapitel „Gesundheit“ behandelt.

Für alle hierzu notwendigen Maßnahmen gilt, daß man damit schon beim Welpen anfangen soll und sie niemals Schmerzen verursachen dürfen. Vorsicht, Ruhe und gutes Zureden sind oberstes Gebot, der Hund muß Vertrauen zu Ihnen haben und das Gefühl, daß alles, was man mit ihm anstellt, zu seinem Wohlbefinden beiträgt. Durch gleichzeitiges Streicheln und Kraulen wird dies gefördert.

Man beginnt am besten mit der Säuberung der Innenseite des Ohrlappens mit Wattebausch (und medizinischem Alkohol) und kann später zu den schwierigeren Dingen, wie z. B. dem Abreiben weicher

Leonberger lieben das Wasser – wenig ist besser als gar keines, . . .

. . . aber so ist es ideal

Gesunde Zähne

Beläge von den Zähnen, übergehen. Dies verbindet man zweckmäßigerweise mit den Übungen zum Herzeigen des Gebisses, wie es für Besuche beim Tierarzt und auf Ausstellungen nötig ist. Ist Ihr Hund von Anfang an mit solchen Handgriffen Ihrerseits vertraut, wird er auch bei den anderen genannten Anlässen davor keine Angst haben.

Ausstellungen – nicht unbedingt erforderlich, aber dennoch eine schöne Sache

Hundeausstellungen haben eine lange Tradition. Nachdem sie in England etwa um 1850 entstanden, brach ihre große Zeit in Deutschland ungefähr fünfzehn Jahre später an. Den bisherigen Rekord brachte die Weltausstellung der Rassehunde 1981 in Dortmund mit 8850 gemeldeten Hunden.

Wenn Ihr Hund gut aussieht und über ein vollständiges Gebiß verfügt, sollten Sie durchaus mit ihm einmal an einer Ausstellung teilnehmen. Hier haben Sie den Vergleich mit anderen schönen Exemplaren der Rasse, und der Richter wird sich bemühen, auch die Vorzüge Ihres Hundes entsprechend zu würdigen beziehungsweise Sie auch über eventuell vorhandene Mängel aufklären. Er ist Spezialist,

Ausstellungen sind interessant und machen Spaß

und auf sein Urteil kann man sich verlassen. Auch wenn Ihr Hund nicht zu den wenigen gehört, die die beste Wertnote „Vorzüglich" erhalten, ist solch eine Ausstellung doch immer interessant und ein Erlebnis. Man kann mit Gleichgesinnten seine Erfahrungen austauschen, und jeder Züchter wird sich freuen, seine Nachzucht auf Ausstellungen vertreten zu sehen. Nur so kann er feststellen, ob er mit seinen Zuchtvorstellungen und -zielen auf dem richtigen Wege ist.

Welche Arten von Ausstellungen gibt es?

Es sind drei Kategorien zu unterscheiden:

1 Spezial-Zuchtschauen. Sie werden von den einzelnen Rassehundezuchtvereinen veranstaltet und müsen vom VDH (Verband für das Deutsche Hundewesen e. V.) genehmigt werden.
2 Allgemeine Rassehunde-Zuchtschauen. Unter dem Schutz des VDH werden auf rein nationaler Ebene Rassehunde aller Art ausgestellt.
3 Internationale Rassehunde-Zuchtschauen. Sie werden vom VDH oder einem seiner Landesverbände bzw. örtlichen Vereinigungen veranstaltet. Diese Schauen müssen über den VDH durch die FCI (Fédération Cynologique Internationale) genehmigt werden.

Die Termine der einzelnen Schauen kann man der Monatszeitschrift des VDH „Unser Rassehund" entnehmen, die Mitglieder des Deutschen Clubs für Leonberger Hunde e. V. kostenlos erhalten. Letzter Meldetag ist im allgemeinen vier bis sechs Wochen vor der Veranstaltung, so daß man Meldeformulare etwa acht Wochen vorher beim Veranstalter anfordern muß.

Klasseneinteilungen

Auf den Veranstaltungen des Clubs – jährliche Clubschau in Leonberg, Sonderschauen der Landesgruppen – werden Sie fast immer zwischen 100 und 200 Vertreter unserer Hunderasse zu sehen bekommen. Bei vielen internationalen Ausstellungen gliedert der Club eine Sonderschau an – hier richtet dann immer ein Leonberger-Spezialrichter. Die Meldezahlen liegen hier zwischen 30 und 50 Hunden. Sie brauchen aber nicht zu befürchten, daß Ihr Hund jetzt gegen die „ganze Meute" auf einmal antreten muß, denn es wird in verschiedenen Klassen gerichtet.

So steht man auch auf Ausstellungen richtig

Üblich ist folgende Klasseneinteilung, getrennt nach Rüden und Hündinnen:

Jüngstenklasse	– 6 bis 9 Monate,
Jugendklasse	– 9 bis 18 Monate,
Offene Klasse	– ab 15 Monaten,
Gebrauchshundklasse	– für Hunde mit Ausbildungskennzeichen, sie müssen mindestens die Schutzhundprüfung I oder eine vergleichbare Prüfung abgelegt haben,
Siegerklasse	– für Hunde mit anerkanntem Siegertitel.

Auf Spezialzuchtschauen kann es auch noch Welpen-, Zucht-, Senioren- und Ehrenklassen geben.

In der Jugendklasse wird als höchste Wertung „Sehr gut" (Sg) vergeben, in den Erwachsenenklassen „Vorzüglich" (V). Die Reihenfolge der Plazierung wird bei den ersten vier Hunden einer Klasse zusätzlich mit der betreffenden Zahl vermerkt, zum Beispiel: V 1, V 2, Sg 3, Sg 4.

Auf der Europasieger-Zuchtschau oder der Bundessieger-Zuchtschau werden an den besten Rüden und die beste Hündin – sofern mit V 1 bewertet – die Titel Europasieger beziehungsweise Bundessieger vergeben, in den Jugendklassen dementsprechend die Titel Europajugendsieger beziehungsweise Bundesjugendsieger. Die jährlich veranstaltete Weltausstellung der Rassehunde findet etwa alle zehn Jahre auch in Deutschland statt – zuletzt 1981 –, auf der dann auch der Titel des Weltsiegers vergeben wird.

Obwohl natürlich solche Titel eine feine Sache sind und immer Eindruck machen, darf man doch nicht übersehen, daß es sich hier um Eintagssiege handelt, die von zahlreichen unwägbaren Faktoren, wie etwa Anzahl und Qualität der Konkurrenten, abhängen können. Die höchste Qualifikation für den Fachmann ist deshalb der „Internationale Schönheits-Champion“. Um diesen Titel zu erringen, muß der Hund unter drei verschiedenen Richtern in drei verschiedenen Ländern viermal eine Anwartschaft (CACIB = Certificat d'Aptitude au Championat International de Beauté) über einen Zeitraum von mindestens einem Jahr bekommen haben. Diese Anwartschaft wird auf internationalen Schauen pro Rasse nur an einen Rüden und eine Hündin vergeben. Welch hohen Anforderungen daher ein Hund gerecht werden muß, um eine solche Qualifikation zu erreichen, wird sich jeder vorstellen können.

Nicht ganz so schwer, aber doch schwer genug, ist es, VDH-Champion zu werden. Hier wird die Anwartschaft aber nur auf Ausstellungen in Deutschland vergeben, auch auf Spezial-Zuchtschauen und allgemeinen Rassehunde-Zuchtschauen. Auch kann in jeder Erwachsenen-Klasse eine Anwartschaft vergeben werden.

Doch damit nun genug von Siegertiteln. Wichtig bleibt immer nur, daß Ihnen Ihr Hund Freude macht, und dafür sind ohnehin andere Kriterien viel wichtiger als äußere Schönheit. Wenn der Richter an ihm etwas kritisiert, so gilt das immer nur im Vergleich mit dem „Idealhund“. Erfahrene Aussteller werden Ihnen aber sicher bestätigen, daß der Idealhund bis jetzt noch auf keiner Ausstellung gesehen wurde. Oberstes Gebot sollte immer die sportliche Fairneß sein. Richterurteile sind, wie beim Fußball, nicht anfechtbar. Auf Wunsch des Ausstellers wird aber jeder Richter gern bereit sein, seine Entscheidung zu begründen, wenn er nicht ohnehin einen schriftlichen Richterbericht abgibt. Im übrigen kann der Richter nur beurteilen, wie und in welcher Form

(Ausstellungskondition) er den Hund zu sehen bekommt. Sein Verhalten im Ring kann ganz anders sein als zu Hause.

Was verlangt eine Ausstellung von uns?

Ohne eine gewisse Vorbereitung sollte man an keiner Ausstellung teilnehmen. Ordentliche Leinenführigkeit und die wichtigsten Kommandos wie „Sitz“, „Platz“ und so weiter sollte auch der junge Hund beherrschen. Üben Sie vorher außerdem öfter das Zeigen der Zähne, das heißt, der Hund soll sich setzen und muß es sich gefallen lassen, daß Sie ihm die Lefzen hochziehen, damit der Richter das Gebiß beurteilen kann. Es macht keinen guten Eindruck, wenn der Hund dabei in Aufregung gerät, ausweicht oder sich womöglich wehrt. Bei Rüden muß der Richter außerdem das Vorhandensein der Hoden „handgreiflich“ prüfen können. Bei der Vorführung Ihres Hundes machen Sie am besten kurze schnelle Schritte, damit er Ihnen freudig folgt, er soll dabei aber nicht galoppieren oder an Ihnen hochspringen. Achten Sie darauf, daß er den Kopf hochträgt, durch einen kleinen Leckerbissen in der Jackentasche kann man da unter Umständen etwas nachhelfen.

Daß Sie Ihren Hund nur gut durchgebürstet und gepflegt im Ring präsentieren, dürfte wohl selbstverständlich sein.

Treten Sie die Fahrt zum Ausstellungsort rechtzeitig an, damit Sie nicht in Zeitnot geraten. Unterwegs sollte man dem Hund Gelegenheit geben, sich noch etwas auszulaufen und zu lösen, damit er sein „großes Geschäft“ möglichst vor Erreichen des Ausstellungsgeländes erledigt hat. Füttern Sie ihn vorher möglichst nicht, sondern nehmen Sie Paketfutter mit, wahrscheinlich wird er angesichts der ungewohnten Umgebung und Geräusche um ihn herum ohnehin keinen Hunger haben; ein Trinknapf ist aber unerläßlich. Zweckmäßig sind eine Unterlage für die Box und ein Klappstühlchen für den Aussteller.

Möchten Sie sich noch eingehender über dieses Thema informieren, kann Ihnen das ebenfalls in dieser Reihe erschienene Buch von Dr. Peter Beyersdorf „Dein Hund auf Ausstellungen“ ausführliche Informationen liefern.

Auf der Ausstellung selbst werden Ihnen auf Wunsch erfahrene Züchter und Aussteller sicher gern Rat und Hilfestellung geben.

Die Zucht

Irgendwann wird jedem Besitzer einer Hündin die Idee durch den Kopf gehen, wie schön es doch wäre, Nachwuchs von seiner Leonbergerin zu haben, und ob man nicht auch einen Wurf wagen sollte. Sieht doch bei den Züchtern alles immer so einfach aus, man kann ein schönes Stück Geld mit der Zucht verdienen, und außerdem soll es besser für die Hündin sein, wenn sie einmal geworfen hat.

Wer allerdings ernsthaft züchten und nicht nur Hunde vermehren will, muß sich als erstes klarmachen, daß die oben wiedergegebenen Vorstellungen kaum haltbar sind. Richtig ist vielmehr:

- Züchten bedeutet überaus viel Arbeit (unter Umständen 500 bis 600 Arbeitsstunden pro Wurf),
- Züchten kostet unter Umständen viel Geld (wenn auch bei einem großen Wurf über die anfallenden Kosten hinaus noch etwas übrigbleiben kann),
- vom medizinischen Standpunkt aus muß eine Hündin nicht werfen, sie kann auch so völlig gesund bleiben.

Wenn Sie Ihr Hobby allerdings ernst nehmen und bereit sind, auf viel freie Zeit zu verzichten, werden Sie feststellen, daß Züchten auch sehr viel Freude bereitet.

Voraussetzungen

Seit dem 1. Januar 1986 gilt für den Deutschen Club für Leonberger Hunde e. V. eine neue Zuchtordnung. Diese soll sicherstellen, daß nur mit typischen und wesensfesten Hunden gezüchtet wird, die gesund sind. Kernelement der Zuchtordnung ist eine Zuchttauglichkeitsprüfung, bei der Gesundheit, Formwert und Wesen eingehend vom Körmeister beurteilt werden. Voraussetzungen für die Teilnahme sind: Vollendung des 15. Lebensmonats und zwei Ausstellungsbewertungen mit „Sehr gut" oder „Vorzüglich". Zur bestandenen Zuchttauglichkeitsprüfung muß noch ein entsprechender Befund der Untersuchung auf Hüftgelenksdysplasie (HD) kommen. Dann erst dürfen Rüde oder Hündin zur Zucht eingesetzt werden, sofern sie 20 Monate alt sind.

Nachzuchtgruppe

Um aus der Masse der zuchttauglichen Hunde die besonders geeigneten herauszufinden, sieht die Zuchtordnung noch eine Körung vor. Hierbei werden besonders strenge Maßstäbe an die obengenannten Kriterien angelegt, weshalb die Ankörung eine besondere Empfehlung zur Zucht bedeutet. Als aus Körzucht stammend gelten Welpen, deren beide Elterntiere angekört sind. Die Ahnentafeln dieser Welpen erhalten einen entsprechenden Aufdruck. Jeder angehende Züchter wird also beim Club die Zuchtordnung anfordern und sie genau studieren. Ihre Bestimmungen sind wichtig und müssen unbedingt eingehalten werden; bei Verstößen werden keine Ahnentafeln ausgestellt, und unter Umständen können sogar empfindliche Strafen durch den Club drohen. Die Befolgung der Zuchtordnung muß für Anfänger und auch für „alte Hasen" selbstverständlich sein. Wir wollen doch nicht nur Hunde vermehren, sondern durch unsere Anstrengungen die Qualität der Rasse sichern. Erst dann hat die Hundezucht ihren Sinn erfüllt.

Bemerkungen zur HD

Hüftgelenksdysplasie kommt bei allen Wirbeltieren, sogar beim Menschen, vor. Um einen normalen, schmerzfreien Bewegungsablauf zu garantieren, muß der Femurkopf des Oberschenkelhalses angemessen von der Hüftgelenkspfanne umschlossen werden. Treten Veränderungen am Hüftgelenk auf, sei es an der Pfanne oder dem Femurkopf, so faßt man sie unter dem Begriff der Dysplasie zusammen. Diese Veränderungen sind nur durch Röntgenaufnahmen verbindlich festzustellen. Solche Aufnahmen zum Erwerb der Zuchttauglichkeit können von den meisten Fachtierärzten für Kleintiere angefertigt werden, zu empfehlen ist jedoch ein Tierarzt, der auch für andere Rassehundvereine Aufnahmen anfertigt und daher über mehr Erfahrung verfügt. Vorgeschrieben sind zwei Aufnahmen des Beckens, einmal bei gestreckter und einmal bei gebeugter Haltung der Hintergliedmaßen.

Die Aufnahmen muß der Tierarzt zur Erhebung des Befundes an die Tierklinik der Universität Hohenheim, 7000 Stuttgart 70, Leitung: Prof. Dr. Loeffler, einsenden. Das Ergebnis der Auswertung wird dem Club in Leonberg übermittelt, der dann den Besitzer des Hundes informiert. Zuchttauglich sind nur Hunde mit folgendem Befund: kein Hinweis auf HD, Verdacht auf HD, HD leichten Grades (mit bestimmten Einschränkungen). Hunde mit mittlerer oder schwerer HD sind zuchtuntauglich.

Diese strengen Vorschriften sind erforderlich, da die HD als Erbkrankheit gilt, wobei der genaue Erbgang noch ungeklärt ist. Gesichert ist aber die Erkenntnis, daß die Veranlagung durch Fütterung und Haltung positiv oder negativ beeinflußt werden kann. An dieser Stelle sei deshalb noch einmal die Bedeutung von Spurenelementen, insbesondere des Calciums, erwähnt und davor gewarnt, den jungen Hund in der Wachstumsphase zu überfordern, ihn also auf kilometerlange Spaziergänge mitzunehmen oder zuviel Treppen steigen zu lassen.

Um keine übertriebene Angst vor der HD aufkommen zu lassen, sei jedoch gesagt, daß nur in seltenen Fällen Hunde wegen schwerer HD eingeschläfert werden müssen. Andererseits gibt es viele, bei denen HD zwar festgestellt worden ist, denen man aber äußerlich überhaupt nichts anmerkt. Bei schwerer HD ist allerdings zumindest bei übergewichtigen und alten Hunden eine schmerzhafte Bewegungseinschränkung zu erwarten.

Typischer Rüdenkopf – verschiedene Perspektiven

Vorbereitung zur Zucht

Wenn Sie nun alle Formalitäten erledigt haben, Mitglied des Clubs geworden sind, Ihre Hündin die Zuchtvoraussetzungen erfüllt und ein Zwingername beantragt ist, beginnt die erste züchterische Tätigkeit: das Aussuchen des Deckrüden.

Machen Sie keinesfalls den Fehler, sich von Bequemlichkeitserwägungen leiten zu lassen und den nächstbesten Rüden zu nehmen, nur weil die Fahrt angenehm kurz ist. Hilfestellung bei der Auswahl wird Ihnen auch hier wieder der Club leisten. Wichtig ist, daß Sie sich über einzelne Linien informieren, sich verschiedene Deckrüden und deren eventuelle Nachzucht ansehen, wozu auch Ausstellungen immer Gelegenheit bieten. Hat Ihre Hündin beispielsweise helle Augen, so sollten

Sie einen Rüden wählen, der verstärkt dunkle Augen vererbt. Ein möglichst guter HD-Befund des Rüden im Verhältnis zum Befund der Hündin ist selbstverständliche Notwendigkeit.

Wenn die Entscheidung gefallen ist, nimmt man rechtzeitig vor der zu erwartenden Hitze der Hündin Verbindung zum Rüdenbesitzer auf und bespricht alles Nähere. Für den Fall, daß es zu keinem Deckakt kommen sollte – was gar nicht so selten ist –, sollte man unbedingt schon vorher einen Ersatzrüden ausgesucht haben. Unter allen Umständen ist es zweckmäßig, vorher möglichst eine schriftliche Vereinbarung mit dem Rüdenbesitzer über das Deckgeld zu treffen. So lassen sich spätere Mißverständnisse vermeiden, was für beide Seiten nur von Vorteil sein kann.

Deckzeitpunkt und Deckakt

Hündinnen werden durchschnittlich zweimal im Jahr läufig. Dabei ist vom ersten bis etwa zum fünfzehnten Tag der Hitze ein mehr oder weniger blutig gefärbter Ausfluß festzustellen. In den ersten Tagen ist der Ausfluß dunkelrot und wird bis zum 10. oder 11. Tag immer heller. Wenn der Ausfluß nahezu klar und nur noch eine leichte Rosafärbung festzustellen ist, ist zum Decken der richtige Zeitpunkt gekommen; er kann zwischen dem 10. und 15. Tag liegen. Nach Erfahrung sind die Erfolgsaussichten am 11. und 12. Tag am größten. Hierbei handelt es sich um durchschnittliche Erfahrungswerte, es sind auch schon erfolgreiche Deckakte zwischen dem 7. und 20. Tag der Läufigkeit beobachtet worden.

Wichtig ist es, den ersten Tag der Blutung nicht zu übersehen. Wenn Sie also der Meinung sind, daß die Hitze kurz bevorsteht, sollten Sie die Hündin täglich kontrollieren, was am einfachsten mit einem weißen Papiertaschentuch geschieht.

Bei manchen Hündinnen erkennt man den richtigen Decktag auch am Verhalten. Wenn die Hündinnen am Rutenansatz gekrault werden, nehmen sie die Rute sofort zur Seite und ziehen den Rücken hoch. Ein Zeichen geben meistens auch die männlichen Hunde in der Nachbarschaft, die am richtigen Tag oft mit einer regelrechten Belagerung des Hauses beginnen.

Eine relativ hohe Wahrscheinlichkeit kann ein Abstrich bieten, den der Tierarzt zwischen dem 8. und 10. Tag vornimmt. Aber auch bei dieser Methode ist ein Restrisiko nicht ausgeschlossen.

 Wichtigste Regel für die Fahrt zum Deckrüden ist, daß man sich

Mich muß man einfach gern haben

genügend Zeit nimmt. Nur in Ausnahmefällen dürften Sie nach ein oder zwei Stunden bereits wieder auf dem Heimweg sein.

Nun zum eigentlichen Deckvorgang. Am besten läßt man den Rüden und die Hündin erst draußen herumlaufen und zusammen spielen. So können sie sich aneinander gewöhnen, sich lösen, und man sieht aus dem Verhalten der beiden, ob der richtige Tag gefunden wurde. Läßt die Hündin den Rüden überhaupt nicht an sich herankommen und wehrt seine Kontaktversuche kläffend und beißend ab, ist es vermutlich noch zu früh. Junge, unerfahrene Rüden können dadurch so eingeschüchtert werden, daß sie später zwar mit der Hündin spielen und sie belecken, aber nicht mehr aufzusteigen versuchen. Für eine junge, erstmals zu belegende Hündin sollte man deshalb möglichst einen schon als Deckrüden bewährten Partner auswählen und umgekehrt.

Ist die Hündin zugänglich, wird sie zum richtigen Zeitpunkt den Rüden zum Spielen auffordern, ja, sich ihm regelrecht anbieten, ihm das Hinterteil zudrehen und die Rute zur Seite nehmen. Dann dürfte der Rüde keine Schwierigkeiten haben, es sei denn, die Hündin versucht sich hinzusetzen, wenn er aufreitet. Nun ist es angebracht, leichte Hilfestellung zu geben, indem man die Hündin festhält und ihr gut zuspricht und sie gegebenenfalls mit einer Hand unter dem Bauch stützt.

Keinesfalls darf man die Hunde unbeobachtet lassen, da nach erfolgter Vereinigung der Rüde noch längere Zeit, bis zu 45 Minuten, fest mit der Hündin verbunden bleibt. Manchmal versuchen die Tiere dann, gewaltsam auseinanderzustreben oder sich hinzulegen. Wegen des bestehenden großen Verletzungsrisikos für beide muß man sie unbedingt daran hindern, sie beruhigen und zusammenhalten, bis die Schwellkissen in der Scheide der Hündin und das entsprechende Organ am Penis des Rüden abschwellen und sie sich voneinander lösen können.

Vorher jedoch steigt der Rüde schon ab und dreht sich um, so daß die Tiere dann mit den Hinterteilen gegeneinander stehen. Dies sieht eigentlich „unmöglich" aus, doch ist es für beide Hunde und die Helfer, die sie an der vorzeitigen Trennung hindern müssen, die am wenigsten anstrengende Position.

Danach soll man der Hündin keine Gelegenheit geben zu urinieren, sondern dafür sorgen, daß sie sich im Auto oder einem Raum für etwa 30 bis 60 Minuten niederlegt. Eine Wiederholung des Deckaktes am nächsten oder übernächsten Tag erhöht die Erfolgschancen erheblich. Danach können Sie erleichtert aufatmen, denn diese Schwierigkeit ist gemeistert.

Kommt trotz aller Bemühungen keine Paarung zustande, so hüte man sich vor vorschnellen Urteilen wie „die Hündin läßt sich nicht decken" oder „der Rüde deckt ja nicht".

Vielfältige Erfahrungen beweisen, daß Hunde keineswegs so blindlings ihren Trieben unterworfen sind, daß eine Paarung nur die Begegnung zweier Exemplare unterschiedlichen Geschlechts voraussetzt. Zu- und Abneigungen spielen eine wichtige Rolle, wobei deren Kriterien für uns kaum erkennbar sind.

Führt ein weiterer Versuch nach einigen Stunden Pause am selben oder auch am nächsten Tag wieder nicht zum Erfolg, sollte man mit der Hündin unbedingt, um den günstigen Zeitpunkt nicht zu versäumen, den vorsichtshalber an zweiter Stelle ausgewählten Rüden aufsuchen, und in den meisten Fällen wird es dann auch klappen.

Rüde und Hündin – Spiele zum Kennenlernen

Vorbereitungen für den Wurf

In den ersten drei Wochen nach dem Decken wird man bei der Hündin kaum eine Veränderung feststellen. Bei vielen Hündinnen zeigt sich im Falle einer Trächtigkeit etwa ab dieser Zeit jedoch ein verändertes Verhalten. Ungefähr ab der sechsten, manchmal aber auch erst nach der siebten Woche stellen wir fest, daß die Hündin an Leibesfülle zunimmt. Ein sicheres Anzeichen für eine Trächtigkeit ist das Anschwellen der Milchleisten ab der vierten Woche. Bei manchen Hündinnen sind allerdings bis in die neunte Woche hinein keinerlei Anzeichen zu bemerken. Andere wiederum weisen alle Merkmale einer Trächtigkeit auf, haben manchmal sogar ab der sechsten Woche Milch, sind jedoch nur scheinträchtig.

Die normale Tragezeit dauert 63 Tage. Abweichungen nach unten bis auf 60 Tage sind bei Leonbergern durchaus üblich, bei Abweichungen über den 65. Tag sollte man unbedingt den Tierarzt konsultieren. Erfahrungsgemäß kommen große Würfe, also über sechs Welpen, im Durchschnitt zwei bis drei Tage zu früh. Eine unserer Hündinnen wirft sogar jedesmal sechs Tage zu früh, beim letzten Wurf zwölf Welpen mit dem stolzen Durchschnittsgewicht von je über 500 Gramm.

Da also ohne weiteres schon nach dem 58. Tag der Trächtigkeit mit dem Wurf zu rechnen ist, sollte die Hündin in der letzten Woche nicht mehr längere Zeit allein gelassen werden. Ungefähr in den letzten drei Wochen vor dem errechneten Wurftag macht man ihre Wurfecke oder -kiste fertig, die etwa 150 × 120 cm groß sein und Seitenbretter von etwa 30 cm Höhe haben soll. An deren Innenseite sollte etwa auf halber Höhe eine ringsherum laufende Leiste von rund fünf Zentimeter Breite angebracht sein, die verhindert, daß die Welpen von der Hündin versehentlich am Rand der Kiste erdrückt werden. In der Mitte darüber bereitet man eine Aufhängevorrichtung vor, an der man eine handelsübliche Tieraufzuchtleuchte in etwa 90 cm Höhe befestigt.

Die Wurfkiste muß unbedingt gegen Bodenkälte isoliert werden. Zu empfehlen sind dicke Lagen aus Zeitungspapier, darüber ein altes Tuch aus Leinen oder einem anderen hellen, kochfesten Stoff.

Für die Wurfecke wählt man am besten einen Platz aus, der vom engeren Wohnbereich leicht zu erreichen ist, vielleicht sogar das Gästezimmer oder einen anderen nicht ständig benutzten Raum, da man die Welpen während der ersten Lebenswoche ständig unter Kontrolle haben sollte. Damit sich die Hündin rechtzeitig an ihren neuen Aufenthaltsort gewöhnt, bekommt sie die Wurfecke für die letzten zwei Wochen schon als Stammplatz zugewiesen. Versucht man sie erst zum Wurftag umzugewöhnen, wird sie unruhig und nervös reagieren.

Vorsorglich stellt man etwa 250 g Welpenaufzuchtmilch und eine Dose handelsüblichen Baby-Beruhigungstee bereit, um für alle Eventualitäten gerüstet zu sein.

Sind alle Vorbereitungen abgeschlossen, können Sie ohne Sorgen, aber wahrscheinlich voller Ungeduld, den Wurftag erwarten.

Die große Stunde ist da

Etwa zwei oder drei Tage vor dem Wurf werden Sie feststellen, daß Ihre Hündin in der Nierenpartie schlanker wird. Das bedeutet, daß die Senkwehen eingesetzt haben, und es nun nicht mehr lange dauern kann. Bei manchen Hündinnen kündigt sich die bevorstehende Geburt durch erhebliche Unruhe an. Sie zerfetzen ihre Unterlage, winseln oder wollen ständig nach draußen. Reden Sie ihr gut zu und demonstrieren Sie äußerste Gelassenheit. Das oberste Gebot heißt jetzt, unter allen Umständen Ruhe zu bewahren, denn Ihre Nervosität kann sich schnell auf den Hund übertragen.

Vorsorglich können Sie schon eine Küchenwaage und Schreibzeug bereitstellen. Der erste Welpe wird jetzt bald herausgepreßt; das kann im Liegen oder Stehen, manchmal sogar im Sitzen erfolgen. Erschrekken Sie nicht über die Menge an Fruchtwasser und Blut, die zugleich mit dem Welpen austritt. Das ist ganz normal.

In den meisten Fällen wird die Hündin das Neugeborene selbst versorgen, das heißt, die Fruchtblase aufreißen – viele Welpen kommen auch ohne Fruchtblase zur Welt – und es trockenlecken. Sie können jetzt mit dem Finger eventuelle Schleimreste aus dem Schnäuzchen entfernen und das letzte Fruchtwasser aus der Nase, indem Sie mit zwei Fingern kräftig von den Augen zur Nasenspitze streichen. Ein gesunder, kräftiger Welpe wird dann bereits laut schreien. Die Nabelschnur wurde schon vorher von der Hündin auf etwa 5 bis 10 cm Länge abgebissen.

Sollte der Geburtsvorgang zu lange gedauert haben, wird sich der Welpe nur wenig oder gar nicht bewegen. Hier hilft nur eine Roßkur. Halten Sie ihn unter den Kaltwasserhahn, und rubbeln Sie ihn kräftig durch, bis er anfängt, lauthals zu schreien. Danach muß er trockengerieben werden. Bevor Sie den Welpen jetzt zum Säugen anlegen, wiegen Sie ihn, notieren Gewicht, Geburtszeit und Kennzeichen, wie z. B.: „Rüde, dreieckiger Bruststern, hinten links weiße Pfote“.

Jetzt ist es auch an der Zeit, die Tieraufzuchtleuchte einzuschalten. Ansonsten ist normale Zimmertemperatur ausreichend. Manchmal, wenn die Welpen zu schnell hintereinander auf die Welt kommen, schafft es die Hündin nicht allein, den einen trockenzulecken und beim nächsten die Fruchtblase zu öffnen. Dann muß man ihr natürlich dabei helfen. Schwächere Welpen sollte man an die hinteren Zitzen anlegen, da diese meist mehr Milch geben.

In vielen Fällen werden Sie die Nachgeburt – sie kommt meist nach jedem Welpen – gar nicht zu sehen bekommen, da die Hündin sie sofort auffrißt. Gefüttert werden muß die Hündin während des Werfens nicht, sie sollte aber stets frisches Wasser und Milch bekommen.

Die ersten Welpen werden relativ schnell hintereinander geboren, manchmal bis zu fünf in der ersten Stunde. Dann werden die Abstände größer. Sollten jedoch mehr als zwei Stunden nach der Geburt des letzten Welpen vergehen, muß man die Wehentätigkeit genau beobachten. Sind erhebliche Preßwehen festzustellen, die über längere Zeit keinen Welpen bringen, ist der Tierarzt zu Rate zu ziehen. In solchen Fällen kann ein Welpe quer vor dem Muttermund liegen, und es muß ein Kaiserschnitt durchgeführt werden. Den Abschluß der Geburt – manchmal erst nach 24 Stunden – erkennt man daran, daß die Hündin sich und die Wurfbox säubert, sich dann entspannt auf die Seite legt und schläft.

Nach dem Werfen

Wenn sich die Hündin ausgeruht hat und das erste Mal draußen war, um sich zu lösen, ist es auch an der Zeit, sie zu säubern; möglichst mit klarem, warmem Wasser aus der Handbrause, da das Fell am Hinterteil durch grünlichen und blutigen Schleim ziemlich verklebt sein dürfte. Versäumt man diese Reinigung, kann man die Haare später nur noch herausschneiden, ganz abgesehen davon, daß unangenehme Gerüche entstehen. Am Tage danach sollte sich der Tierarzt die Hunde anschauen. Dabei wird die Hündin genau untersucht und die Welpen mit Abwehrstoffen für die ersten Tage geimpft. So können erhebliche Komplikationen vermieden werden. Eventuell nimmt der Tierarzt auch sofort die Wolfskrallen (überzählige fünfte beziehungsweise sechste Zehe) ab, sonst vereinbart man dafür einen Termin innerhalb der nächsten drei Tage.

Ebenso wie der vollzogene Deckakt auf den entsprechenden Formularen dem Zuchtbuchamt des Clubs angezeigt werden muß, ist nun auch die Wurfmeldung abzusenden und der zuständige Zuchtwart telefonisch zu informieren. Damit wird sichergestellt, daß Ihr Wurf auf die Welpenverkaufsliste kommt und später ordnungsgemäß abgenommen und tätowiert wird. Beides ist Voraussetzung für die Eintragung ins Zuchtbuch und die Ausstellung der Ahnentafeln.

Die meisten Welpen verlieren während der ersten beiden Lebenstage bis zu zehn Prozent ihres Geburtsgewichtes. Dies ist kein Grund zur Beunruhigung, wenn am dritten Tag eine Gewichtszunahme zu verzeichnen ist. Kontrollieren Sie des öfteren die Milch der Hündin. Sie muß strahlend weiß sein. Ist sie wie Dosenmilch, etwas dickflüssig und leicht gelblich, muß sofort der Tierarzt verständigt werden, da eine Gesäugeentzündung vorliegen kann.

Mehrmals täglich sollte man auch rektal die Temperatur der Hündin messen. Die normale Temperatur in den ersten Tagen nach dem Wurf beträgt 38,5 bis 39 °C. Fieber drängt die Milchleistung zurück und bewirkt meistens eine nachteilige Veränderung der Milch, sie „schlägt um“. Auch dann muß sofort der Tierarzt hinzugezogen werden. Dasselbe gilt, wenn die Welpen ständig schreien und die Bäuchlein aufgetrieben sind. Manchmal helfen hier einige Kubikzentimeter Baby-Beruhigungstee aus der Flasche.

Familientreffen

Mit vierzehn Tagen wiegen die Welpen etwa 1200 bis 1400 Gramm. Jetzt kann man langsam anfangen, etwas Rinderhackfleisch aus der Hand zu füttern. Spätestens am 20. Lebenstag muß eine Wurmkur gemacht werden.

In der ersten Woche sind wir Tag und Nacht bei unseren Welpen. Auch die gewissenhafteste Hündin kann gelegentlich auf einen Welpen treten oder sich sogar darauflegen, was kaum ein Welpe lebend überstehen wird. Sind die Welpen drei Wochen alt, kann man sie langsam an die Futteraufnahme aus dem Schälchen gewöhnen.

Bis zur achten Lebenswoche bekommen sie dann fünf Mahlzeiten täglich, davon eine reine Fleischmahlzeit. Ab der dritten Woche muß man auch an die täglichen Spurenelemente denken.

Eines Tages ist es dann soweit, daß Sie sich von Ihren Lieblingen trennen müssen. Von unserer Seite dazu nur ein Rat: Verkaufen Sie nicht an den ersten Besten, sondern suchen Sie sich die Käufer Ihrer Welpen genau aus. Nur so können Sie hoffen, sich manchen Ärger und Kummer und Ihren Hunden schlechte Erfahrungen und Leid zu ersparen.

Ernährung

Die wildlebenden Ahnen unseres Hundes waren Jäger. Sie verzehrten ihre Beute mit Haut und Haar. Bevorzugte Leckerbissen waren die Innereien. Magen und Darm ihrer Beutetiere enthielten auch vorverdaute Pflanzen und wichtige Vitamine. Wölfe und Wildhunde fraßen also nicht nur Fleisch. Genauer wäre die Bezeichnung „Tierfresser". Aus Untersuchungen des Mageninhaltes wissen wir, daß darüber hinaus praktisch alles auf dem Speisezettel stand, was die Natur bot: Früchte, Samen und Gräser, Frösche und Schlangen, selbst Insekten wurden verzehrt. Nur so konnten der Hunger gestillt und genügend Vitamine und Mineralstoffe aufgenommen werden.

Angemessene artgemäße Nahrung hat der Hundehalter seinem Hund nach dem Tierschutzgesetz anzubieten. Unkenntnis und falsch verstandene Tierliebe können leicht zu Tierquälerei führen: Der Hund ist kein Resteverwerter. Mit Süßigkeiten ist ihm nicht gedient. Falsche Ernährung kann Fettsucht, innere Erkrankungen oder Hautkrankheiten verursachen. „Angemessen" ist nur eine gesunderhaltende Nahrung. Die Freßgewohnheiten der Wildtiere zeigen, wie das Futter zusammengesetzt sein muß:

Fleisch ist die Ernährungsgrundlage. Es enthält neben Salzen, Geschmacksstoffen und Vitaminen vor allem Eiweiß. Reines Muskelfleisch oder Herz kann ebenso wie ausschließlich minderwertige sehnige, häutige oder knorpelige Teile zu Verdauungsstörungen führen. „Artgemäß" ist eine aus leichter und schwerer verdaulichen Bestandteilen gemischte Fleischgrundlage. Dazu gehört auch tierisches Fett. Es dient als Energiequelle.

Pflanzen enthalten neben Eiweiß, Vitaminen und Mineralstoffen vor allem Stärke und Zucker. Diese Kohlehydrate liefern ebenfalls Energie. Sie muß aber bei den meisten Nährmitteln durch Erhitzung „aufgeschlossen", das heißt, verdaulich gemacht werden. Für Sättigung, Darmfüllung und geregelte Verdauung sorgen unverdauliche Rohfasern, die vor allem in Rohkost, in Hundeflocken, weniger jedoch in gekochtem Reis enthalten sind. Ungesättigte Fettsäuren aus Pflanzenölen sind für gesunde Haut und glänzendes Fell wichtig.

Ein prächtiger Vertreter seiner Rasse

Für den gesunden Hund ist eine Ergänzung der Fleischgrundlage durch aufgeschlossene rohfaserhaltige Pflanzenkost das Richtige.

Eine vielseitig zusammengesetzte Nahrung enthält auch Vitamine. Das sind Wirkstoffe, die für Stoffwechselprozesse wie Blutgerinnung, Nervenfunktion oder Infektabwehr benötigt werden, die der Körper jedoch selbst nicht produzieren kann. Mineralstoffe und Spurenelemente sind nicht nur für den Knochenbau, sondern auch für viele andere Stoffwechselprozesse unerläßlich.

Eine Wissenschaft für sich?

Erhaltungs- und Leistungsbedarf, Nährwerttabellen, Kalorien und Joule – das ist schon eine Wissenschaft für sich – beflügelt durch die Futtermittelindustrie. Bei allem Respekt wundert sich der Praktiker, daß trotz Unkenntnis und Fehlern früherer Zeiten die Spezies Haushund nicht längst ausgestorben ist. Zum besseren Verständnis genügen folgende Überlegungen: Der Körper des erwachsenen Hundes befindet sich in einem dauernden Umbau. Zur Erhaltung der Körpersubstanz sind daher Eiweißbausteine erforderlich, für die damit verbundenen Stoffwechselvorgänge Energielieferanten, Vitamine und Mineralstoffe. Das Futter soll in der Trockenmasse mindestens ein Drittel Eiweiß und fünf Prozent Fett und höchstens die Hälfte Kohlehydrate enthalten.

Welpen und Junghunde brauchen für ihr Wachstum mehr Nahrung als gleich schwere erwachsene Hunde: bis zum sechsten Monat etwa doppelt so viel und dann immerhin noch fünfzig Prozent mehr. Ihr Futter soll zu zwei Dritteln, später mindestens zur Hälfte aus Fleisch und anderen Eiweißstoffen bestehen.

Diese Richtwerte gelten nur bei normaler Belastung. Besondere Leistungen erfordern eine Zulage. Als Fleischfresser kann der Hund zwar auch aus Eiweiß Energie gewinnen, die Ausbeute ist jedoch gering (und teuer). Zugelegt werden daher kohlehydrathaltige Futtermittel. Erhaltungs- und Leistungsbedarf sind praktisch nicht zu trennen. Bei Dauerbelastung kann bis zu viermal mehr Energie als bei Ruhe verbraucht werden.

Die wichtigsten Grundregeln

Die Futterration kann nicht mit der Briefwaage abgemessen werden. Neben Alter und Leistung ist die individuelle Veranlagung des Hundes ausschlaggebend. Es gibt gute und schlechte Futterverwerter. Ein normal veranlagter, durchschnittlich beanspruchter erwachsener Leonberger braucht täglich etwa 750 g Fleisch mit 200 g Flocken. Den gleichen Nährwert haben 1500 g Dosen-Vollnahrung oder 400 g Trokkenfutter. (Bei körperlich stark beanspruchten oder untergewichtigen Hunden können die angegebenen Mengen bis auf 1000 g Fleisch und 280 g Flocken beziehungsweise 2000 g Dosen-Vollnahrung oder 500 g Trockenfutter vorübergehend erhöht werden.) Zusätzlich kann man zum kräftigen Kauen Kalbsknorpel, harte Hundekuchen, Trockenfisch oder ähnliches anbieten. Bei einem gesunden, gut ernährten Hund sollen die Rippen optisch nicht hervortreten, mit der flachen Hand aber noch fühlbar sein. So kann man „erfühlen“, ob etwas Futter zugelegt oder abgezogen werden muß.

Junghunde können die tägliche Futtermenge unmöglich auf einmal aufnehmen. Eine Magenüberladung wäre die Folge. Knochen, Bänder und Gelenke würden zu stark belastet und bleibende Schäden davontragen. Immerhin braucht ein halberwachsener, etwa 30 kg schwerer Leonberger bereits genausoviel Futter wie sein ausgewachsener Artgenosse. Die Ernährung der Welpen erfolgt zunächst genau so, wie der Züchter es gehandhabt und dem Käufer empfohlen hat. Umstellungsbedingte Verdauungsstörungen werden so vermieden. Dem Welpen wird die Eingewöhnung erleichtert.

Bis zum Abschluß des Zahnwechsels mit etwa sechs Monaten erhält der Junghund täglich drei, später bis zum Abschluß des Wachstums mit etwa eineinhalb Jahren zwei Mahlzeiten täglich. Der Junghund darf zunächst noch etwas „Babyspeck“ haben. Er hilft, Krankheiten besser zu überstehen. Mangelernährung in der Jugend ist kaum wiedergutzumachen.

Fresser werden nicht geboren, sondern erzogen: Der erwachsene Hund erhält täglich eine Mahlzeit. Was in einer Viertelstunde nicht aufgefressen ist, gehört in den Mülleimer. Wichtig ist eine regelmäßige feste Futterzeit, weniger wichtig, ob dies morgens, mittags oder abends ist. Stets soll jedoch der Hund nach dem Fressen ruhen, so wie es auch Wildtiere nach ergiebigem Mahl zu tun pflegen. Bei „Sport und Spiel“ besteht die Gefahr, daß sich ein gefüllter Magen verdreht – eine lebensgefährliche Situation.

Das Futter soll vielseitig sein, damit es alle benötigten Nährstoffe enthält. Der Hund braucht aber keine Geschmacksabwechslung. Er kann durchaus dauernd das gleiche Futter erhalten, wenn dies optimal zusammengesetzt ist.

Spiel mit anderen Hunden ist wichtig

Fertigfutter – sicher, bequem und preiswert

Die Vorurteile gegen Fertigfutter sind überholt. Es entspricht in Eiweißanteil und sonstigen Inhaltsstoffen den wissenschaftlichen Erkenntnissen. Durch moderne Konservierungsverfahren werden Vitamine weniger geschädigt als durch haushaltsübliches Kochen. Krankheitserreger im Fleisch werden bei der Herstellung abgetötet. Ein weiterer Vorteil ist die praktische Vorratshaltung. Auf Reisen ist Fertigfutter die einfachste Futterlösung. Es ist nicht teurer als selbst zubereitetes Futter. Gegen Fertigfutter gibt es eigentlich nur einen Einwand: Artgemäßerweise frißt der Hund Rohes, nicht aber Gekochtes.

Dosenfutter enthält reichlich Eiweiß. Das Etikett muß genau gelesen werden: „Vollnahrung" enthält bereits pflanzliche Futtermittel und ist futterfertig. Zu „Fleischnahrung" müssen noch Flocken, Reis oder Gemüse dazugemischt werden. Als vermeintlicher Nachteil werden vielfach die großen Kotmengen nach Verfütterung von Dosenfutter empfunden. Sie sind Folge des Rohfaseranteils und der damit verbundenen guten Darmfüllung. Geschwächte kranke Hunde reagieren bei plötzlicher Umstellung auf Dosenfutter gelegentlich mit Durchfall.

Fertigfuttermischungen aus Trockenfleisch und Nährmitteln werden mit warmem Wasser oder Brühe dickbreiig angerührt – eine unproblematische Futterzubereitung.

Trockenfutter in Keks- oder Ringform und Hundekuchen enthalten fünfmal weniger Wasser als normal feuchtes Futter. In einem Extranapf muß daher unbedingt Wasser angeboten werden. 200 g Trockenfutter haben etwa den gleichen Nährwert wie eine 850-g-Dose Vollnahrung oder 400 g Fleisch und 125 g Flocken. Zusätzliche „Leckerlis" sind Dickmacher!

Fertigfutter ist meist nach dem Bedarf erwachsener Hunde zusammengestellt. Junghunde erhalten daher als Eiweißzulage zusätzlich Fleisch oder Milcherzeugnisse oder aber gleich ein spezielles Welpen- oder Junior-Fertigfutter.

Eigener Herd . . .

Schwieriger ist es, seinen Hund mit selbstzubereitetem Futter zu ernähren. Man muß dazu einiges über Wert und Eigenschaften der Futtermittel wissen.

Fleisch ist teuer; Rinderpansen und Blättermagen, Herz, Fleischabschnitte, Maulfleisch, Leberabschnitte, Schlund, Milz und Nieren sind ein fast vollwertiger Ersatz. Euter, Lunge und „Schweineringel" sind nur bedingt und in kleinen Mengen geeignet. Besonders wertvoll ist „grüner" Pansen, ein roher, ungereinigter Rindermagen: Die Futterreste sind bereits vorverdaut und enthalten Vitamine, die aus dem Pflanzenfutter stammen oder im Pansen gebildet wurden. Haltbarer und weniger duftend ist der gereinigte und gebrühte „weiße" Pansen. Rohe Leber und rohe Milz haben eine abführende Wirkung und dürfen daher – je nach Kotbeschaffenheit – nur in kleinen Mengen zugegeben werden. Geflügelinnereien und Schweinefleisch sollten stets gekocht werden. Sie könnten sonst Durchfall verursachen oder die gefürchtete Aujeszky'sche Krankheit übertragen. Die Fleischgrundlage sollte stets aus verschiedenen Bestandteilen bestehen. Bei einseitiger Zusammensetzung, zum Beispiel ausschließlich Pansen, können Eiweißbausteine fehlen, die der Hund braucht.

Andere Eiweißquellen können das Futter vervollständigen. Hunde mit gesunder Leber und Niere dürfen gelegentlich unverdorbenen Fisch, frei von harten Gräten, fressen. Junghunde bis zum sechsten

Monat können täglich eine mit Milch hergestellte Mahlzeit erhalten. Bei älteren Junghunden muß Kuhmilch verdünnt werden. Erwachsene Hunde erhalten – wie in der Natur – keine Milch. Sie können den Milchzucker nicht verdauen. Der Darminhalt wird dadurch zu weich. Hauterkrankungen können die Folge sein. Besser als Kuhmilch sind Welpenmilch-Präparate, die auch von älteren Hunden vertragen werden. Auch rohes Eiklar kann der Hund nicht richtig verdauen. Rohes Eigelb ist dagegen vor allem für junge und kranke Hunde gesund und bekömmlich. Gekochte und gebratene Eier verträgt jeder Hund. Viele Hunde mögen auch Magerquark – eine wertvolle Ergänzung hochwertigen Eiweißes – besonders für Junghunde. Käse ist entgegen Vorurteilen nicht schädlich. Käserinden, Wurstpellen, Geräuchertes und Gewürztes gehören aber nicht in den Hundenapf.

Einkaufsmöglichkeiten für Futterfleisch bieten Hundefutterhandlungen und Fleischereien sowie Zoogeschäfte und Supermärkte. Frisches Futterfleisch ist leicht verderblich und sollte auch bei Kühlung nicht länger als zwei Tage aufbewahrt werden, gekochtes hält sich ein bis zwei Tage länger. In der Gefriertruhe kann man Fleisch etwa drei Monate aufbewahren, zweckmäßigerweise in dicht schließenden Kunststoffbeuteln portionsweise verpackt.

Die Zubereitung des Futters erfordert nur geringen Aufwand. Da der Hund sein Futter nicht kaut, sondern schlingt, wird das Fleisch in maulgerechte Happen geschnitten, aber nicht wie Hackfleisch zerkleinert. Viele Hundefutterhändler nehmen dem Käufer diese Arbeit ab. Das frische oder aufgetaute Fleisch wird mit heißem Wasser angebrüht. So bleibt es innen roh, wird aber leicht erwärmt. Eiskaltes Futter ist Gift für den Hundemagen.

Als pflanzliche Ergänzung können gekochte Haferflocken, Graupen oder Reis zugegeben werden. Einfacher geht es mit „Hundeflocken", einem Gemisch getoasteter und daher verdaulicher Getreideerzeugnisse mit ausreichendem Rohfasergehalt. Zwei Maß Flocken werden einem Maß Fleisch mit warmem Wasser zugemischt. Das Futter soll dickbreiig, nie suppig sein. Junghunde erhalten Flocken und Fleisch zu gleichen Raumteilen. Von Fall zu Fall sollen die Flocken ganz oder teilweise durch Gemüse ersetzt werden, das mit einer Gabel zerdrückt wird. Es schadet nichts, wenn Essenreste leicht gesalzen sind. Der Hund braucht Kochsalz für eine einwandfreie Nierentätigkeit. Hülsenfrüchte und Kohl gehören allerdings nicht ins Hundefutter. Sie sind schwer verdaulich und verursachen Blähungen.

Rohkost, insbesondere fein zerkleinerte Möhren und Äpfel, sind

Erwartung

eine sättigende und vitaminreiche Futterergänzung. Auch gehackte Petersilie oder Kresse und frische Obst- und Gemüsesäfte können das Vitaminangebot vervollständigen.

Zur Versorgung mit ungesättigten Fettsäuren – wichtig zum Beispiel für Haut und Haar – kann dem Futter einmal wöchentlich ein Teelöffel Pflanzenöl zugesetzt werden. Auch eine Scheibe Brot mit Pflanzenmargarine ist eine vorzügliche Ergänzung, insbesondere gut durchgebackenes Roggenbrot. Brot soll aber nie eingeweicht werden.

Für den Junghund ist eine ausreichende Vitamin-D-Versorgung zur Verhütung der Knochenweiche (Rachitis) besonders wichtig. Überdosierungen sind aber schädlich. Anstelle des Lebertrans sollten daher genau dosierbare Vitamin-D-Präparate nach tierärztlicher Verordnung gegeben werden. Bierhefe – Bestandteil vieler Hundeflocken – enthält auch B-Vitamine. Für den jungen Hund ist die Zufütterung von „Futterkalk" für Wachstum und Knochenbau unerläßlich. Aber auch der erwachsene Hund braucht eine Mineralstoffergänzung, weil selbstzubereitetes Futter nicht alle Stoffe in ausreichender Menge enthält.

Speziell für den Bedarf des Hundes zusammengestellte Mittel sind besser und billiger als Kalktabletten für Menschen.

Knochen enthalten Mineralstoffe, sind aber schwer verdaulich und können hartnäckige Verstopfungen verursachen. Ihr Wert liegt vor allem in der Gebißpflege und der „Gymnastik“ für die Kaumuskulatur. In Maßen können daher Hunde mit gesunden Zähnen Kalbs- oder ausgesuchte, knorpelige Rinderknochen erhalten. Hundekuchen oder Kauknochen aus Büffelhaut erfüllen allerdings den gleichen Zweck. Ältere Tiere mit Verdauungsproblemen oder Zahnkrankheiten müssen auf Knochen verzichten. Harte Röhrenknochen, vor allem von Geflügel, können splittern und Darmverletzungen verursachen. Kotelettknochen können in der Speiseröhre steckenbleiben. Sie gehören in den Mülleimer.

Fastentage müssen wildlebende Fleischfresser oft einlegen. Für Hunde mit Übergewicht ist ein Fastentag in der Woche ein probates Mittel zum Abnehmen. An den übrigen Tagen darf er sich einmal täglich sattfressen. Die fettarme Fleischgrundlage wird allerdings mit nährstoffarmer Lunge gestreckt, und statt Flocken gibt es Weizenkleie und Rohkost. Einfacher, aber teurer ist Diät-Fertigfutter.

Wasser, immer frisch und sauber, nie eiskalt, muß dem Hund ständig zur Verfügung stehen. Ein gesunder Hund trinkt zwar bei normal feuchtem Futter kaum, muß aber doch bei Hitze, nach Anstrengungen oder zu bestimmtem Futter seinen Durst löschen können. Ständig stark vermehrter Durst ohne erkennbaren Grund ist ein Krankheitszeichen.

Patentrezepte

Fragt man zehn Hundeexperten, erhält man sicher wenigstens neun „bewährte für diese Rasse einzig richtige“ Ernährungsanleitungen, von denen acht völlig richtig sind. Trotz aller Erfahrung und wissenschaftlicher Akribie gibt es gottlob viele Möglichkeiten, seinen Hund artgemäß und ausreichend zu ernähren. Man muß nur die angeführten Ernährungsregeln mit etwas Verständnis beachten – sei es mit Fertigfutter, sei es mit einem eigenen, auf Haushalt, Hund und Geldbeutel abgestellten Spezialrezept, sei es auch mit beidem.

Gesundheit

Vorbeugen ist besser als Heilen

Artgerechte Haltung, Pflege und Ernährung sind Voraussetzungen für die Gesundheit. Das seelische Wohlbefinden des Hundes ist so wichtig wie das körperliche. Der gesunde Hund nimmt aufmerksam und lebhaft Anteil an seiner Umgebung. Er ist kräftig und ausdauernd. In der Ruhe atmet er 10- bis 20mal, das Herz schlägt 70- bis 100mal in der Minute. Die Körpertemperatur liegt um 38,5 °C. Gesundheit ist mehr als „Freisein von Krankheiten", sie schließt auch Widerstandskraft gegen Infektionen ein. Für den Leonberger wichtige Gesichtspunkte sollte man beachten: Der Zahnwechswel erfolgt im Alter zwischen drei und sechs Monaten. Das Größenwachstum (meßbar in der Schulterhöhe) ist etwa mit einem Jahr abgeschlossen, die vollständige körperliche Entwicklung dauert jedoch etwa bis zu zwei Jahren.

Wie bei den meisten großen Hunderassen ist die durchschnittliche Lebenserwartung nicht so hoch wie bei kleinen Hunden, sie liegt bei acht bis zehn Jahren – Ausnahmen bestätigen auch hier die Regel.

Leonberger leiden unter Hitze. Bei sommerlichen Temperaturen sollte man ihnen keine Anstrengungen zumuten, für schattige, kühle Ruheplätze sorgen und ausgedehnte Spaziergänge lieber in die Morgen- und Abendstunden verlegen.

Haarkleid und Haut sind nicht nur Schutz gegen die Unbill des Wetters. Stumpfes Haar und Haarausfall, unabhängig vom normalen Haarwechsel, deuten auf innere Erkrankungen hin. Die Haut soll frei von Schuppen und Rötungen sein, kein Juckreiz plagt den Hund.

Flöhe, Läuse und Haarlinge kann auch der gepflegteste Hund von einer Hundebegegnung mitbringen. Bei Juckreiz wird als erstes die Haut auf Flohstiche – bis zu linsengroße, geschwollene Rötungen – und das Fell auf Parasitenkot – kleine schwarze Pünktchen – abgesucht. Lieblingssitze der ungebetenen Gäste sind die Innenflächen der Hinterbeine, die Achselhöhlen und die Ohrmuscheln. Bei leichtem Befall genügt ein Flohpuder. Wirksamer sind Waschlösungen, die das Fell bis auf die Haut benetzen, oder verschreibungspflichtige Mittel, die auf die Haut getropft werden und bis zu vier Wochen wirken. Das Ablecken solcher Mittel muß aber verhindert werden. „Anti-Floh-Halsbänder“ geben bis zu vier Monaten gas- oder puderförmige Wirkstoffe ab. In Hundehütten können bei einigen Halsbändern Giftgaskonzentrationen auftreten, die auch für den Hund bedenklich sind. Von einem vorsorglichen ständigen Tragen dieser Bänder sollte man absehen. Manche Halsbänder verlieren zudem durch Nässe an Wirksamkeit. Bei Flohbefall muß immer das Lager des Hundes mitbehandelt werden. Moderne Spezialmittel töten dabei nicht nur „erwachsene“ Flöhe, sondern stoppen auch die weitere Entwicklung der Flohlarven. Hundedecken werden am besten ausgekocht, Teppiche regelmäßig gesaugt und Stroh in der Hütte gewechselt.

Zecken lassen sich aus dem Gebüsch auf den Hund fallen, beißen sich in der Haut fest und saugen sich mit Blut voll. Sie sehen dann wie prallgefüllte graubraune bis zu kirschkerngroße Säckchen aus. Zecken dürfen nicht einfach ausgerissen werden, denn dabei können die Beißwerkzeuge in der Haut steckenbleiben und zu Entzündungen führen. Man betäubt die Zecke mit Alkohol oder hüllt sie mit Öl ein und wartet etwa zehn Minuten. Am sichersten wirkt ein Spraystoß mit einem insektiziden „Desinsektspray“, das aber nicht im Kopfbereich angewendet werden sollte und überhaupt nur, wenn die anderen Mittel nicht zum Erfolg führen. Die betäubte oder tote Zecke wird vorsichtig aus der Haut herausgedreht.

Die Ohren sollten einmal wöchentlich gereinigt werden. Mit Wattestäbchen kann man das Trommelfell zwar kaum verletzen, das Ohrenschmalz aber in der Tiefe zusammenstopfen. Besser ist ein alkoholischer Ohrreiniger, der randvoll ins Ohr eingegossen und bei zugedrückter Ohrmuschel durchmassiert wird. Das gelöste Ohrschmalz kann der Hund dann selbst ausschütteln, vorzugsweise im Freien. Dunkle, übelriechende Beläge im Ohr zeigen eine Entzündung an. Meist wird der Hund sich dann auch am Ohr oder – scheinbar – am Halsband kratzen und den Kopf schütteln. Ursache des „Ohrenzwanges“ können Ohrmilben, Grasgrannen oder andere Fremdkörper sowie Bakterien und Pilze sein. Wenn zwei- bis dreimalige gründliche Reinigung keine Besserung bringt, ist eine gezielte Behandlung erforderlich.

Die Augen werden mit einem Stückchen Mullbinde oder einem Taschentuch vom „Schlaf“ gereinigt. Fusseln von Watte oder Papiertaschentüchern reizen die Schleimhäute. Bindehautentzündungen können auch durch Zugluft, Staub oder starke Sonne verursacht werden. Besonders anfällig sind Hunde, deren Augenlider am Augapfel nicht eng anliegen. Zur Linderung werden Augentropfen in den herunterge-

Drei Generationen sind hier vereint

zogenen Bindehautsack geträufelt. Borwasser wird heute nicht mehr verwendet, weil feine Kristalle als Fremdkörper wirken können. Länger andauernder wäßriger, schleimiger oder eitriger Augenausfluß sollte nicht mit Hausmitteln kuriert werden. Es könnte eine Infektion vorliegen. Wucherungen auf der Rückseite der Nickhaut müssen meist operativ behandelt werden.

Die Zähne werden durch Hundekuchen oder Knochen ausreichend gereinigt. Auch die Tortur des Zähneputzens kann Zahnstein nicht verhindern. Zur Entfernung weicher Beläge eignet sich am ehesten ein Wattebausch, getränkt mit dreiprozentiger Wasserstoffsuperoxydlösung. Zahnstein ist ein fest anhaftender brauner Belag aus verhärteten Salzen. Fauliger Mundgeruch durch Zahnfleischentzündungen und -vereiterungen sowie Zahnausfall sind die Folgen. Zahnstein sollte frühzeitig fachkundig entfernt werden. Lose Zähne müssen gezogen werden. Da der Hund keine Beute jagen, festhalten oder zerreißen muß, kann er auf schmerzende Zähne gut verzichten. Nach Entfernung der Eiterherde wird er sich auch allgemein wohler fühlen, denn sie können den Körper vergiften und zum Beispiel chronische Herzklappenentzündungen auslösen. Auch Milchhakenzähne, die beim Zahnwechsel nicht ausfallen, müssen gezogen werden. Sie können zu Stellungsfehlern im bleibenden Gebiß führen.

Die Analbeutel sollen eigentlich bei jedem Kotabsatz eine individuelle Duftmarke zur Revierkennzeichnung hinterlassen. Infolge der Domestikation funktioniert die Entleerung häufig nicht richtig. Sekretstauungen sind die Folge. Den Juckreiz versucht der Hund vergeblich durch Rutschen auf dem After zu beseitigen. Dieses „Schlittenfahren" ist entgegen landläufiger Vermutung fast nie auf Wurmbefall zurückzuführen. Stark gefüllte Analbeutel müssen fachkundig ausgedrückt, vereiterte müssen tierärztlich behandelt werden.

Die Krallen werden bei regelmäßiger Bewegung auf festem Untergrund ausreichend abgelaufen. Nur bei krankhaftem Hornwachstum oder Stellungsfehlern müssen sie geschnitten werden. Dabei soll die in der Kralle verlaufende Ader nicht verletzt werden. „Wolfskrallen", Überbleibsel der an sich verkümmerten fünften Zehe an den Hinterläufen, können bei Verletzungen stark bluten. Sie sollten vorsorglich amputiert werden. Das geschieht üblicherweise schon bei neugeborenen Welpen.

Erste Hilfe tut not

Hautverletzungen müssen genau inspiziert werden. Oberflächliche Abschürfungen und Schrunden können mit Hausmitteln behandelt werden. Auf jeden Fall werden im Bereich der Verletzungen die Haare mit einer gebogenen Schere kurz abgeschnitten. Sie verkleben sonst mit dem Wundsekret; Vereiterung ist die Folge. Die Wunde wird mit Wundgel, -spray oder -tinktur behandelt. Fetthaltige Salben behindern den heilungsfördernden Luftzutritt, Puder verkrustet.

Bei tieferen Wunden mit Durchtrennung der Haut sollte umgehend ein Tierarzt hinzugezogen werden. Bei Beißereien und Stacheldrahtverletzungen wird die Haut oft vom Körper losgerissen, so daß tiefe Taschen entstehen. Haare und Schmutz in der Tiefe der Wunden müssen so weit wie möglich entfernt werden. Von Fall zu Fall ist zu prüfen, ob eine „offene Wundbehandlung" oder eine Naht besser ist. Nur frische Wunden können mit Aussicht auf komplikationslose Heilung genäht werden.

Eine offene, aus der Tiefe nässende oder eiternde Wunde darf der Hund belecken. In allen anderen Fällen wird die Wundheilung behindert, weil die zarten Heilungszellen am Wundrand gestört werden. Das Belecken von Wunden und das Abreißen von Verbänden können durch einen Halskragen verhindert werden. Aus einem passenden Plastikeimer wird der Boden herausgeschnitten. Die Schnittkanten werden abgepolstert, an vier Stellen durchlöchert und mit Bindfäden

Zwei, die sich gut vertragen

versehen, die am Lederhalsband festgebunden werden. Einfacher, aber teurer sind fertige Halskragen vom Tierarzt.

Wundstarrkrampf ist beim Hund selten. Impfungen sind daher nicht üblich. Zur Vorbeuge sollen Wunden ausbluten und nicht luftdicht abgedeckt werden. Wenn größere Adern verletzt sind, kommt es zu andauernden, starken Blutungen. Häufig tritt Blut im Strahl aus. Dann muß zur ersten Hilfe ein Druckverband angelegt werden. An ungünstigen Körperstellen wie am Kopf kann auch von Hand eine Kompresse aufgedrückt werden. Gliedmaßen können abgebunden werden, die Abbindung muß aber viertelstündlich kurz gelöst werden. In solchen Fällen ist stets umgehend tierärztliche Hilfe erforderlich.

Unfälle können auch zu inneren Verletzungen und Gehirnerschütterungen führen. Bei Bewußtseinstrübungen soll nie Flüssigkeit eingeflößt werden. Die Maulschleimhaut kann aber mit Kaffee, Tee oder auch einfach mit Wasser befeuchtet werden. Der Hund wird seitlich mit tiefliegendem Kopf und herausgezogener Zunge auf einer Decke gelagert, die, von zwei Personen an den Ecken strammgezogen, auch als „Tragbahre“ dient. Am Unfallort sind meistens die Diagnose und vor allem eine wirksame Schockbehandlung erschwert. Telefonisch sollte zur Vermeidung unnötiger Wege und Zeiten ein dienstbereiter Tierarzt verständigt und umgehend aufgesucht werden.

Lahmheiten können viele Ursachen haben. Als erstes wird die Pfote untersucht. Dornen oder Splitter werden ausgezogen. Verfilzte Haare drücken zwischen den Ballen wie ein Stein im Schuh; sie werden daher vorsichtig ausgeschnitten. Wunde Stellen werden wie Hautverletzungen behandelt. Im Winter müssen Streusalzreste von den Pfoten abgewaschen werden. Bei Krallenbettentzündungen können warme Kamillen- oder Seifenbäder Linderung bringen. Lose Krallenteile werden an der Bruchstelle beherzt abgeschnitten. In vielen Fällen ist ein Verband erforderlich. Er muß fachkundig angelegt werden, um Druckstellen zu vermeiden.

Bei Schwellungen, Prellungen und Verstauchungen kann das Fell des betroffenen Körperteils mehrmals täglich mit kaltem Wasser durchnäßt werden. Das wirkt wie ein Kühlverband, lindert den Schmerz und hemmt – frühzeitig angewendet – weitere Schwellungen. Wenn ein Bein überhaupt nicht belastet wird, besteht Verdacht auf Knochenbruch. Bei stark abnormer Beweglichkeit kann die Gliedmaße durch eine Notschiene ruhiggestellt werden. Ein feuchtes Tuch, zwei ausreichend lange Stöcke und Binden oder Leukoplast genügen fürs erste. Die benachbarten Gelenke müssen mitfixiert werden.

Andauernde, wiederkehrende oder sich verschlimmernde Bewegungsstörungen sind stets ein Fall für den Tierarzt. Bei Junghunden können schmerzhafte Knochenauftreibungen oder Ablösungen des Ellenbogenhöckers zu Lahmheiten führen. Ältere Hunde leiden oft unter chronischen Gelenkentzündungen. Die Hüftgelenksdysplasie (HD) ist erblich veranlagt: Eine Abflachung der Gelenkpfanne begünstigt Arthrosen und Verrenkungen. Im Alter können auch die Rückenmarkshäute verknöchern. Dadurch werden die Nerven eingeklemmt. Zunehmende Nachhandschwäche bis hin zur Lähmung ist die Folge. Relativ oft wird das Humpeln auf einem Hinterbein durch eine Ausrenkung der Kniescheibe bedingt, die operativ fixiert werden muß.

Vergiftungen sind meist „Unglücksfälle“ und nur selten böse Absicht. Rattengift kann bei unsachgemäßem Auslegen direkt, aber auch mit vergifteten Nagetieren aufgenommen werden. Meist handelt es sich um Cumarinpräparate, die zu inneren Blutungen führen. Vorsicht ist auch bei Schädlings- und Unkrautbekämpfungs- sowie bei Frostschutzmitteln geboten. Hochgiftige Thallium-, Zinkphosphid- und Arsenzubereitungen, Blausäure und Strichnin sind heute gottlob kaum noch erhältlich. Die besten Überlebenschancen bestehen, wenn man, „auf frischer Tat ertappt", das Gift wieder aus dem Magen herausbefördern kann. Der Tierarzt kann Erbrechen durch eine Spritze auslösen, der Laie durch Eingeben von zwei bis drei Teelöffeln Salz. Nach dem Erbrechen kann eine Aufschwemmung von etwa zehn Kohlekompretten eingeflößt werden. Milch wird nicht gegeben, weil verschiedene Gifte fettlöslich sind. Etwa vorhandene Hinweise auf die Art des Giftes ermöglichen eine rechtzeitige, gezielte tierärztliche Behandlung. Ungewisser sind die Aussichten, wenn die Vergiftungsfolgen wie Krämpfe, Mattigkeit oder Brechdurchfall schon eingetreten sind, die Ursache aber nur vermutet werden kann. Eine genaue Diagnose ist oft erst durch Spätschäden wie Blutungen oder Haarausfall möglich. Dann kann es für eine Rettung bereits zu spät sein.

Durchfall ohne Fieber bessert sich häufig nach einem Fastentag: Der Hund erhält ausschließlich stark verdünnten Tee mit einer Prise Salz, aber ohne Zucker. Zur Geschmacksverbesserung ist Süßstoff erlaubt. Zusätzlich ist es nie verkehrt, eine Aufschwemmung von Kohlekompretten einzugeben. Keinesfalls darf Durchfall mit Wasserentzug „behandelt" werden; der Körper würde zu stark austrocknen. Am zweiten Tag erhält der Hund in kleinen Portionen ein Diätfutter, zum Beispiel Beefsteakhack, Schmelzflocken und rohen, geriebenen Apfel. Am dritten Tag muß der Kot zumindest wieder dickbreiig sein.

Verstopfungen lassen sich oft durch rohe Leber oder Milz oder einige Teelöffel süßer Dosenmilch beheben. Bei krampfhaft vergeblichem Drängen kann ein Mikroklistier Erfolg bringen. Bei einer Verhärtung von Knochenteilen im Enddarm hilft allerdings meist nur ein fachgerechter Einlauf.

Erbrechen ist keine selbständige Krankheit. Einmaliges Erbrechen kann durch zu hastiges Fressen, zu kaltes Futter oder Aufnahme von Fremdkörpern ausgelöst werden. Gelegentliches Erbrechen ist beim Hund ohne große Bedeutung. Um zu erbrechen, frißt der Hund häufig Gras. Geschieht dies regelmäßig, oder wird ständig das Futter erbrochen, muß ein Tierarzt zugezogen werden. Auch Durchfall und Erbrechen mit Fieber sind kein Fall für Hausmittel.

Scheinschwangerschaft tritt bei manchen Hündinnen etwa acht Wochen nach der Läufigkeit auf. Sie sind unruhig, „bemuttern" irgendwelche Gegenstände, fressen schlecht und erbrechen gelegentlich. Das Gesäuge schwillt, Milch bildet sich. Abhilfe schafft häufig wenig Fressen und Trinken bei viel Bewegung und Beschäftigung. Das Gesäuge kann mehrmals täglich mit kaltem Wasser befeuchtet werden, um Schwellung und Milchproduktion zu hemmen. Keineswegs soll die Milch ausgedrückt werden. Damit würde nur die weitere Milchbildung angeregt. Bei sehr starker Gesäugeschwellung und trotz Hausmitteln nicht nachlassenden Erscheinungen muß der Tierarzt verständigt werden.

Insektenstiche, vor allem durch das Schnappen nach Wespen und Bienen verursacht, können schnell zu erheblichen Schwellungen am Kopf oder, noch schlimmer, im Rachen führen. Äußerliche Kühlung mit Eiswürfeln und eine Tablette gegen Allergie – falls zur Hand – ersparen oft nicht die möglichst rasche tierärztliche Behandlung.

Alarmzeichen

Fieber ist eine Abwehrreaktion des Körpers, meist auf Infektionen. Die Hundenase kann auch beim kranken Hund feucht und kühl sein. Die Temperatur muß mit einem Fieberthermometer, je nach „Bauart des Hundes", bis zu fünf Minuten im Mastdarm gemessen werden. Sie darf nicht über 39 °C liegen. Untertemperaturen unter 37,5 °C entstehen infolge einer Reduzierung der Stoffwechselvorgänge häufig vor dem Tod.

Husten, als ob ein Knochen im Hals säße, tritt bei Mandelentzündungen auf. Ernstere Infektionen wie Zwingerhusten oder gar Staupe könnten dann vorliegen. Pumpende Atmung entsteht durch eine Lungenentzündung, aber auch durch Wasseransammlung in der Lunge, zum Beispiel infolge von Vergiftungen. Bei alten Hunden kann der damit verbundene Husten auch auf eine Herzschwäche zurückzuführen sein. Bauchpressen und Aufblasen der Backen sind Zeichen höchster Atemnot.

Schleimhäute im Auge und im Fang geben Hinweis auf innere Erkrankungen: Blässe deutet auf Blutarmut hin, Gelbfärbung auf Leberschäden mit Gelbsucht, Blutungen auf schwere Infektionen oder Vergiftungen, eine bläuliche Färbung tritt bei Herz- und Kreislaufschwäche auf.

Kot und Urin mit Blutbeimengungen lassen schwerwiegende, krankhafte Veränderungen erkennen. Bei Blutungen im Magen und in den vorderen Darmabschnitten kann der Stuhl durch das verdaute Blut

Rüdenportrait

pechschwarz aussehen. Nierenerkrankungen können auch mit erhöhtem Durst verbunden sein. Wenn Mattigkeit und Mundgeruch hinzukommen, ist meist bereits eine Harnvergiftung eingetreten. Harnsteine, Blasenriß oder Vergiftungen können dazu führen, daß überhaupt kein Urin mehr abgesetzt wird; dann besteht höchste Gefahr. Geschwülste, Prostatavergrößerungen und Mastdarmveränderungen erschweren den Kotabsatz. Verhärtete Knochenteile können den Enddarm völlig verstopfen. Erbrechen und zunehmende Mattigkeit bei fehlendem Kotabsatz sprechen für einen Darmverschluß oder einen Fremdkörper im Darm.

Speicheln wird im harmlosesten Fall durch Fremdkörper in der Maulhöhle oder durch lose Zähne verursacht, bedenklicher wäre eine E-605-Vergiftung oder Pseudowut, schlimmstenfalls ist an Tollwut zu denken.

Umfangsvermehrungen des Bauches bei sonst normalem Ernährungszustand oder zunehmender Abmagerung können durch Tumore oder Bauchhöhlenwasser hervorgerufen werden. Bei einer Gebärmuttervereiterung besteht gleichzeitig fast immer starker Durst, gelegentlich auch Scheidenausfluß. Eine plötzliche Aufblähung des Bauches mit Kolik und Kreislaufschwäche, bedingt durch eine Magendrehung, erfordert unverzügliche Operation. Eine Entzündung der Kaumuskeln mit Schwellung und Verhärtung sowie hervortretenden Augäpfeln muß sofort tierärztlich behandelt werden.

Infektionen bedrohen die Gesundheit

Staupe und ansteckende Leberentzündung (Hepatitis) sind Viruskrankheiten, die für Junghunde besonders gefährlich sind, aber auch ältere Hunde befallen. Staupe beginnt mit einem häufig kaum merkbaren, kurzen Fieber, dem nach etwa acht Tagen eine schwere Lungenentzündung mit eitrigem Augen- und Nasenausfluß oder ein Durchfall folgt. Eine besondere Verlaufsform ist mit einer Verhärtung der Ballen verbunden. Nach scheinbarer Besserung treten nervöse Erscheinungen bis hin zu Krämpfen auf, die meistens zum Tod führen. Nach überstandener Staupe bleibt häufig ein nervöses Zucken der Kopfmuskeln, der „Staupetick“, nach Erkrankungen im Junghundalter das „Staupegebiß“ mit erheblichen Zahnschmelzdefekten zurück.

Die ansteckende Leberentzündung verläuft ähnlich, mit hohem Fieber, Apathie und Appetitlosigkeit. Hornhauttrübungen können bleibende Folgeschäden sein.

Stuttgarter Hundeseuche (Leptospirose) wird durch Bakterien verursacht und von Hund zu Hund übertragen. Sie beginnt häufig mit einer Schwäche in den Hinterbeinen. Geschwüre im Maul, Magen und Darm sind mit aasartig-faulem Maulgeruch und blutigem Durchfall verbunden.

Tollwut tritt bei Hunden nur noch selten auf. Die Seuche wird vor allem durch Füchse übertragen. Hinweisschilder warnen in gefährdeten Gebieten vor Tollwut. Die Krankheit ist besonders tückisch: Die typischen Wuterscheinungen mit heiserem Gebell, Wasserscheue, Unruhe und unmotivierter Beißwut fehlen häufig. Die „stille Wut“ ist im Anfangsstadium schwer zu erkennen. Ein erkranktes Tier stirbt immer.

Parvovirose ist bei uns erst in den letzten Jahren aufgetreten. Der Erreger ähnelt dem Katzenseuchevirus. Die Seuche wurde zunächst auf Ausstellungen verbreitet. Die Ansteckung erfolgt über die Ausscheidungen von Hund zu Hund. Bei Welpen tritt plötzlicher Herztod auf, ältere Hunde sterben nach unstillbarem, blutigem Durchfall und Erbrechen.

Impfungen schützen vor diesen Infektionskrankheiten

Welpen in gefährdeten Zuchten oder ungeimpfte Hunde mit verdächtigen Krankheitserscheinungen können mit einem Serum behandelt werden, das fertige spezifische Abwehrstoffe enthält. Diese „passive Immunisierung" schützt aber nur für zwei bis drei Wochen. Der Käufer eines Hundes sollte den Impfpaß daraufhin genau prüfen.

Länger dauernden Schutz vermittelt nur die „aktive" Schutzimpfung. Dabei werden abgeschwächte oder abgetötete Infektionserreger eingeimpft. Der Körper reagiert darauf mit der Bildung eigener Abwehrstoffe. Bei den heute üblichen Kombinationsstoffen kennzeichnen die Buchstaben S, H, L, T und P die Wirksamkeit gegen die in Frage kommenden Seuchen. Welpen werden mit sieben bis acht Wochen das erste Mal geimpft und müssen dann mit zwölf Wochen nachgeimpft werden. Bei älteren Hunden genügt eine einmalige Grundimmunisierung.

Der einmal gebildete Impfschutz baut sich im Laufe der Zeit ab. Kommt der Hund mit betreffenden Seuchenerregern in Berührung, so wird die Antikörperbildung aufgefrischt. Ist der Impfschutz aber bereits zu stark abgesunken, kann der Hund erkranken. Deshalb sind Auffrischungsimpfungen im Abstand von ein bis zwei Jahren erforderlich.

Ein sicherer Impfschutz des Hundes ist auch für den Menschen wichtig. Erkrankte Hunde können Leptospiren übertragen, die beim Menschen das „Canicola-Fieber" oder die „Weil'sche Krankheit" hervorrufen. Hundetollwut ist wegen des engen Kontaktes für Menschen viel gefährlicher als Wildtollwut. Geimpfte Hunde übertragen keine Tollwut. Nach einem Kontakt mit verdächtigem Wild brauchen sie deshalb auch nicht getötet zu werden, wie dies für ungeimpfte Hunde gesetzlich vorgeschrieben ist. Schließlich können sie auf Auslandsreisen mitgenommen werden.

Gegen andere Infektionen schützt Vorsicht

Toxoplasmose wird durch einzellige Schmarotzer hervorgerufen. Ihr Stammwirt ist die Katze. Bei anderen Tieren werden ansteckungsfähige Dauerformen gebildet. Hunde erkranken überwiegend durch infiziertes Schweinefleisch. Für die Ansteckung des Menschen wurden sie früher zu Unrecht verantwortlich gemacht.

Aujeszky'sche Krankheit wird ebenfalls durch Schweinefleisch übertragen. Unstillbarer Juckreiz, Unruhe, Ängstlichkeit und Speichelfluß haben gewisse Ähnlichkeit mit Tollwut. Die Krankheit wird daher auch „Pseudowut“ genannt. Schweinefleisch und in der Zusammensetzung unbekannte Fleischmischungen (zum Beispiel aus Supermärkten) müssen deshalb gut durchgekocht werden. Fertigfutter und Rindfleisch sind dagegen unbedenklich.

Zwingerhusten tritt vor allem in Tierheimen und Hundehandlungen auf. Unter begünstigenden Umständen lösen Viren und Bakterien gemeinsam Entzündungen von Luftröhre und Bronchien aus. Kennzeichnend ist ein kurzer, trockener Husten. Sekundärinfektionen können den Krankheitsverlauf verschlimmern. Einen gesunden Hund kauft man mit größerer Wahrscheinlichkeit beim Züchter. Während des Urlaubs sollte man seinen Hund nicht in unbekannte Heime oder Pensionen geben oder ihn vorsorglich auch gegen Zwingerhusten impfen lassen.

Wurmkuren gegen unerwünschte Kostgänger

Spulwürmer können bei Junghunden zu Verdauungs- und Entwicklungsstörungen, zu Vergiftungserscheinungen und sogar zum Tod führen. Fast alle Welpen werden im Mutterleib mit Spulwürmern infiziert. Die ersten Wurmkuren soll schon der Züchter durchführen. Junghunde werden vierteljährlich entwurmt. Ältere Hunde beherbergen nur noch einzelne Würmer. Sie richten zwar keinen großen Schaden an, sind aber eine ständige Infektionsquelle. Hündinnen sollten sechs Wochen nach jeder Läufigkeit, Rüden einmal jährlich entwurmt werden. Bei festgestelltem Wurmbefall ist eine sofortige Entwurmung mit einer Wiederholungsbehandlung nach zwei bis drei Wochen erforderlich. Rohe Möhren garantieren keine Wurmfreiheit. Wirksame und verträgliche Mittel sind verschreibungspflichtig. Sie wirken auch gegen andere Rundwurmarten, zum Beispiel gegen Hakenwürmer.

Spulwürmer sind auf ihre Wirtstierarten spezialisiert; wenn der Mensch Hundespulwurmeier aufnimmt, schlüpfen zwar Larven und beginnen ihre Wanderung im Körper, sie bleiben jedoch in Organen oder Muskeln stecken und können dort schmerzhafte Entzündungen verursachen. Besonders gefährdet sind „Krabbelkinder“. Wurmkuren dienen daher auch dem Gesundheitsschutz der Familie. Auf Kinderspielplätzen haben Hunde nichts zu suchen.

Bandwürmer brauchen für ihre Entwicklung stets einen Zwischenwirt. Für den Hundebandwurm ist dies der Floh. Er nimmt die Wurmeier auf, aus denen sich eine Finne entwickelt. Der Hund „knackt“ den Floh – die Finne wächst im Hundedarm zum fertigen Bandwurm aus. Mit dem Kot erscheinen nach geraumer Zeit einzelne kürbiskernförmige, anfangs noch bewegliche Bandwurmglieder oder ein längeres, deutlich gegliedertes Wurmende. Die meisten Spulwurmmittel sind gegen Bandwürmer unwirksam. Heute gibt es aber gut verträgliche und sicher wirkende Bandwurmmittel. Zur Bandwurmkur gehört stets eine Flohbehandlung von Hund und Lager.

Besonders bei Jagdhunden kann auch der „gesägte Bandwurm“ auftreten, dessen Zwischenwirte Hasen und Kaninchen sind. Andere Bandwurmarten, die durch Fisch oder Wild, Rinder- oder Schafeingeweide übertragen werden, kommen seltener vor. Dazu zählt der „dreigliedrige Bandwurm“, der auch dem Menschen gefährlich werden kann. Der Hund sollte zur Vorbeuge keine rohen „Konfiskat“-Innereien erhalten und daran gehindert werden, Kadaver von Wildtieren anzufressen. Für Menschen besonders gefährlich ist der vor allem in einigen Gegenden Süddeutschlands verbreitete „Fuchsbandwurm“, der auch durch Hunde übertragen werden kann. Neben regelmäßigen Bandwurmkuren ist es die beste Vorbeuge, den Hund in Wald und Flur anzuleinen.

Gefahren für die menschliche Gesundheit?

Impfungen und Wurmkuren schränken Ansteckungsgefahren ein. Hygiene tut ein übriges: Selbstverständlich hat der Hund sein eigenes Lager und Futtergeschirr; beides ist peinlich sauber. Rasen und Wege werden von Hundekot freigehalten. Der Hund wird so erzogen, daß er das Gesicht nicht ableckt. Das Belecken der Hände ist Ausdruck seiner Zuneigung. Man darf sie dulden, denn man kann sich die Hände anschließend waschen. Vorsichtige können Lager, Hütte und andere hygienegefährdete Stellen und Gegenstände regelmäßig desinfizieren. Die Mittel sollen gegen Viren, Bakterien und Pilze wirken. Zur Schnelldesinfektion in Ausnahmefällen eignet sich ein „Desinfektspray“, der auch Ektoparasiten abtötet. Besonders angezeigt sind solche Maßnahmen, wenn der Hund eiternde Wunden, Ekzeme, Furunkel oder eine Vorhaut-, Zahnfleisch- oder Mandelentzündung hat. Diese Infektionen sind konsequent zu behandeln. Eitererreger können auch beim Menschen Komplikationen verursachen.

Vorsicht ist stets bei schlecht heilenden oder sich ausbreitenden Ekzemen geboten: Räudemilben sind zwar auf Tierarten „spezialisiert“, können jedoch auch beim Menschen juckende Hautrötungen verursachen. Hautpilzinfektionen sind auf Menschen übertragbar. Daher sollte man umgehend eine Spezialuntersuchung und Behandlung veranlassen. Pilzinfektionen entstehen beim Menschen in der Regel nur, wenn sich die Erreger länger als 12 bis 24 Stunden auf der Haut einnisten können. Gründliches Waschen bannt die Gefahr. Zusätzliche Sicherheit bietet ein Handdesinfektionsmittel, das nach Berührung verdächtiger Stellen oder Ausscheidungen in die Hände eingerieben wird.

Allergien sind auch durch größte Sauberkeit nicht immer zu vermeiden. Einige Menschen reagieren bei Kontakt mit Tierhaaren und -hautteilen mit Ausschlägen oder Atembeschwerden. Katzen, Meerschweinchen und Vögel sind viel öfter als Hunde die Auslöser; viele andere pflanzliche und tierische Stoffe kommen hinzu. Die Allergieursache kann von einem Hautarzt durch Spezialtests auf der Haut ermittelt werden. Auf Verdacht braucht also kein Hund abgeschafft zu werden. Und vor der Anschaffung eines Leonbergers brauchen auch gesundheitsbewußte Hundefreunde nicht zurückzuschrecken.

Literaturverzeichnis

BANDEL, R., 1975: Der Hundeaussteller und sein Richter.
Deutscher Club für Leonberger Hunde e.V., 1986: 1. bis 5. Europäisches Leonberger-Zuchtbuch (wird ständig aktualisiert).
JOCKERS, W., 1961: Der Leonberger Hund – eine Monographie, Dissertation beim Institut für Tierzucht, Vererbungs- und Konstitutionsforschung der Universität München.
Österreichischer Club für Leonberger Hunde e.V., 1980: Leonberger.
RÄBER, H., 1974: Brevier neuzeitlicher Hundezucht.
TRUMLER, E., 1977: Ratgeber für den Hundefreund.

Weiterführende Literatur aus dem Verlag Paul Parey, Hamburg und Berlin

BEYERSDORF, P., 1981: Dein Hund auf Ausstellungen.
BREHM, P., 1980: Dein Hund im Recht.
BURTZIK, P., 1984: Erziehung und Ausbildung des Hundes. 3. Auflage.

FIEDELMEIER, L., 1983: Kauf, Pflege und Fütterung des Hundes. 3. Auflage.
HELBIG, L., 1978: Der Welpe. 2. Auflage.
HUTH, G., 1979: Hunde in der Stadt.
KOBER, U., 1981: Pareys Hundebuch.
POORTVLIET, R., 1987: Mein Hundebuch, 2. Auflage.
QUEDNAU, F., 1987: Rechtskunde für Hundehalter.
SCHLAG, M., 1987: Schutzhundprüfung.
SCHMIDTKE, H.-O., 1984: Gesundheitsfibel für Hunde. 2. Auflage.
WEIDT, H., 1989: Der Hund, mit dem wir leben: Verhalten und Wesen.
ZIEGLER-STEGE, E., 1977: Fünf langhaarige Großhunde.

Anschriften, die Sie kennen sollten

Deutscher Club für Leonberger Hunde e. V.	Präsident: Robert Beutelspacher Lenauweg 3, 7250 Leonberg
Zuchtleiter:	Gerhard Zerle Am Hang 1, 4730 Ahlen 4
Ausbildungsleiter:	Heidi Reichert Bietigheimer Str. 13, 7120 Bietigheim
Zuchtbuchamt:	Wilma Beutelspacher Lenauweg 3, 7250 Leonberg
VDH Verband für das Deutsche Hundewesen e. V.	Westfalendamm 174 4600 Dortmund 1
Leonbergse Honden Club Nederland	1. Vorsitzender: P. L. D. Peizel Ruiterweg 1, NL-7973 JS Darp
Österreichischer Club für Leonberger Hunde	Geschäftsstelle: Peter K. Cejnek Schlickgasse 6, A-1090 Wien
Schweizerischer Leonberger-Club	Präsident: Eduard Nacht Geissbergweg 24A, CH-4900 Langenthal

Bildnachweis

Titelbild	Eva-Maria Krämer-Vogeler, 5204 Lohmar
Seiten 9, 11, 12, 21, 31, 33, 37, 61, 77, 83	Archiv des Deutschen Clubs für Leonberger Hunde e. V., 7250 Leonberg
Seiten 23, 48	Mr. Tinnevelt, NL
Seite 57 (unten)	Rolf Baumanns, 4730 Ahlen
Seite 89	Dr. Katrin Budelmann, 6300 Gießen
Seite 53	Katja Lindemann, 5804 Herdecke
Seite 57 (oben)	Rita Ogorzelski, 3470 Höxter
Seite 65	Dagmar Schmitt, 5000 Köln
Seiten 22, 31, 45, 58, 69	Eva-Maria Krämer-Vogeler, 5204 Lohmar
Seiten 28, 43	Gaby Voß-Bornemann, 4052 Korschenbroich

Alle übrigen Abbildungen stammen von den Verfassern.